科尔沁肉牛标准汇编

◎ 李良臣　主编

U0306740

中国农业科学技术出版社

图书在版编目（CIP）数据

科尔沁肉牛标准汇编 / 李良臣主编. —北京：
中国农业科学技术出版社，2016.4
ISBN 978-7-5116-2428-4

Ⅰ. ① 科… Ⅱ. ① 李… Ⅲ. ① 肉牛—饲养管理—标准
—汇编—中国 Ⅳ. ① S823.9-65

中国版本图书馆 CIP 数据核字（2016）第 075216 号

责任编辑 李 雪 徐定娜
责任校对 贾海霞

出 版 中国农业科学技术出版社
 北京市中关村南大街 12 号 邮编：100081
电 话 （010）82109707 82105169（编辑室）
 （010）82109702（发行部） （010）82109709（读者服务部）
传 真 （010）82106650
网 址 http://www.CASTP.cn
经 销 各地新华书店
印 刷 北京富泰印刷有限责任公司
开 本 787 mm×1 092 mm 1/16
印 张 13.75
字 数 300 千字
版 次 2016 年 4 月第 1 版 2016 年 4 月第 1 次印刷
定 价 280.00 元

《科尔沁肉牛标准汇编》
编 委 会

主　　编：李良臣

副 主 编：贾伟星　郭　煜　高丽娟　蔡红卫　戴广宇

编写人员：（按姓氏笔画排序）

七　叶　于　君　于　明　王　刚　王　维　王占奇

王春艳　布和巴特尔　付　杰　包世俊　包明亮　朱天涛

刘国君　刘国春　闫存峰　闫宝山　孙宝芳　李　欣

李　津　李旭光　李良臣　杨晓松　杨醉宇　吴龙梅

吴敖其尔　张　军　张延和　范铁力　林晓春　呼　和

郑海英　赵澈勒格日　侯　毓　贾玉鹏　贾伟星　高丽娟

高俊杰　郭　杰　郭　煜　郭立光　郭福纯　黄保平

萨日娜　康宏昌　斯日古楞　董志强　董福臣　韩玉国

韩明山　韩润英　蔡红卫

序

受编者之邀，为《科尔沁肉牛标准汇编》作序，略感唐突，因为本人对《科尔沁肉牛标准汇编》的具体内容及编制工作不甚了解。但是，拜读过后，感觉《科尔沁肉牛标准汇编》是一个高水平的完整的肉牛标准体系，内容覆盖了肉牛全产业，值得一读。

标准化是现代产业体系的重要标志，肉牛产业也不例外，同时，标准化也是我国实现肉牛产业现代化进程中面临的重大课题。通辽市紧跟肉牛产业发展步伐，把标准化作为提升肉牛生产技术水平，推进肉牛产业发展的重要手段，把握住了肉牛产业发展的关键。

通辽市是科尔沁草原主体，也是国家优势肉牛产区，产地环境好，肉牛产业资源丰富，素有"黄牛之乡"和"中国西门塔尔牛之乡"的美誉。2015年牛存栏量达到302万头，其中肉牛298万头，占内蒙古自治区肉牛存栏总量的35%。近年来，通辽市肉牛产业发展较快，生产基础设施不断完善，适用技术得到广泛推广应用，肉牛品质较好，涌现出内蒙古科尔沁牛业股份有限公司、内蒙古丰润牧业有限公司、通辽余粮畜业开发有限公司和牧合家（内蒙古）畜牧有限公司等大型肉牛龙头企业，形成了年出栏育肥牛90万头、屠宰加工70万头的肉牛产业规模，产业链条完整、厚实，已显现出现代肉牛产业的基本特征，是个名副其实的肉牛大市。

《科尔沁肉牛标准汇编》的编者均为在通辽地区工作的畜牧业科技人员，接地气，有实践经验，熟悉本地区肉牛生产情况，他们编制的科尔沁肉牛标准具有很强的实用性和科学性。《科尔沁肉牛标准汇编》是通辽市肉牛产业标准集成，代表了通辽市肉牛产业发展水平。尽管科尔沁肉牛标准是通辽市农业地方标准，但是，起点高，内容丰富，是一部很好的肉牛标准化生产参考书籍。

作为地市级畜牧科技工作者，在实验条件不足的情况下，能够完成科尔沁肉牛标准体系的编制工作，这在全国尚属首例。诚然，从大的肉牛产业格局和现代肉牛产业发展趋势看，科尔沁肉牛标准体系在结构设计、技术规程（规范）的制定等方面，还有待实践检验，有待在应用过程中不断修订完善。但我们相信，《科尔沁肉牛标准汇编》的出版发行，将极大地促进通辽地区肉牛产业发展，提升通辽肉牛产业的发展水平，并将对内蒙古自治区，乃至全国的肉牛产业发展产生一定的示范引领作用。

国家肉牛牦牛产业技术体系首席科学家
中国农业大学教授　曹兵海

2015 年 11 月 6 日

前　言

　　标准化是现代肉牛产业的一个重要标志。编制科尔沁肉牛标准，实现肉牛生产标准化，是通辽市肉牛产业发展的必然要求，也是提高肉牛产业经济效益、做大做强通辽肉牛品牌、增加农牧民收入的重要保证。

　　通辽市位于科尔沁草原腹地，地处东北肉牛带，是中国西门塔尔牛主产区，素有"黄牛之乡"和"中国西门塔尔牛之乡"的美誉，1990年育成科尔沁牛品种，2002年科尔沁牛被划入中国西门塔尔牛草原类型群。自20世纪七十年代后期开始，通辽市（原哲里木盟）就承担国家商品牛（肉牛）生产基地和供港澳活牛（肉牛）出口基地建设项目，有40年的肉牛生产历史。近20年来，通辽肉牛有了长足发展，产业链条日臻完善，并逐渐发展成目前具有现代化特征的肉牛产业集群。在生产实践中，通辽市各级畜牧业技术研究和推广部门在环境卫生控制、牛舍设计、遗传改良、繁殖配种、饲养管理、优质肉牛育肥、粗饲料生产及加工调制、疫病防控、分割牛肉产品等产业技术方面摸索出一系列标准化生产模式，为编制科尔沁肉牛标准奠定了基础。

　　《科尔沁肉牛标准汇编》共收集190项标准，其中，新制定通辽市农业地方标准28项，引用国家标准104项、行业标准51项、自治区地方标准7项，内容涵盖肉牛全产业，按不同产业环节划分为基础综合类标准24项、环境与设施类标准28项、养殖生产类标准39项、精深加工类标准10项、产品质量类标准29项、检验检测类标准45项、流通销售类标准15项。新制定的28项农业地方标准，代表了通辽市肉牛产业发展水平，是多年肉牛生产技术研究成果的精髓，也是对标准化肉牛生产模式的总结和提升。地方标准的各项指标来源于肉牛生产技术研究、性能测试和检测检验分析等技术储备。鉴于通辽市肉牛生产发展水平，新制定的部分标准高于或者严于国家标准和行业标准，如：育肥牛（公牛）日增重标准为1.3 kg以上，高于GB19166—2003《中国西门塔尔牛品种标准》的 1 ～ 1.1 kg；空气、水质、土壤等产地环境，以及鲜、冻分割牛肉理化指标，农药、兽药及非法添加物质残留限量等部分指标均严于国家标准，等等。在食品安全方面，按照绿色食品生产标准要求，参照 NY/T471—2010《绿色食品·畜禽饲料及饲料添加剂使用准则》，氨化饲料生产技术未列入《科尔沁肉牛标准汇编》。

《科尔沁肉牛标准汇编》中的 28 项地方农业标准，基于通辽地区气候环境特点和肉牛产业资源条件编制的，适用于通辽及与通辽类似的地区肉牛生产。科尔沁肉牛标准的发布实施，不仅为通辽地区肉牛生产企业（户）提供了标准化生产依据，也为相关专业技术人员提供了重要参考文献。然而，由于水平有限，缺乏编制标准经验，以及科尔沁肉牛标准体系涉及产地环境、养殖、屠宰加工、流通、销售等多个领域，专业跨度大等原因，《科尔沁肉牛标准汇编》的差错和疏漏在所难免，恳请各位专家学者指正。

编　者

目　录

ICS 65.020.30

B 40

DB1505

通 辽 市 农 业 地 方 标 准

DB 1505/T 005—2014

畜牧养殖 产地环境技术条件

2014—05—10发布

2014—06—10实施

通 辽 市 质 量 技 术 监 督 局 发布

前　言

本标准按 NY/T 391—2013 绿色食品　产地环境技术条件及相关标准和规定而编制。

本标准与 NY/T 391 的主要差异性：

——二氧化硫日均值为≤ 0.15 mg/m³ 调整为≤ 0.12 mg/m³。

——小时均值为≤ 0.50 mg/m³ 调整为≤ 0.40 mg/m³。

——氮氧化物日均值为≤ 0.10 mg/m³ 调整为≤ 0.08 mg/m³。

——小时均值为≤ 0.15 mg/m³ 调整为≤ 0.12 mg/m³。

本标准由通辽市质量技术监督局提出。

本标准由通辽市环保局归口。

本标准起草单位：通辽市环保监测站、通辽市质量技术监督局。

本标准主要起草人：侯毓、贾玉鹏、朱天涛、王春艳、闫存峰、蔡红卫。

畜牧养殖 产地环境技术条件

1 范 围

本标准规定了畜牧养殖基地的环境空气质量、牲畜饮用水水质和土壤环境质量的各项指标及浓度限值，也规定了圈舍的空气质量的各项指标及浓度限值，明确监测和评价方法。

本标准适用于通辽地区畜牧养殖基地。

2 规范性引用文件

下列文件对于本文件的应用是必不可少的。凡是注日期的引用文件，仅所注日期的版本适用于本文件。凡是不注日期的引用文件，其最新版本（包括所有的修改单）适用于本文件。

GB 6920 水质 pH 值的测定 玻璃电极法

GB 7467-87 水质 六价铬的测定 二苯碳酰二肼分光光度法

GB 7475-87 水质 铜、锌、铅、镉的测定 原子吸收分光光谱法

GB 7475-89 水质 铜、锌、铅、镉的测定 原子吸收分光光度法

GB/T 11742 居住区大气中硫化氢卫生检验标准方法 亚甲基蓝分光光度法

GB/T 11903 水质 色度的测定

GB/T 14668 空气质量 氨的测定 纳氏试剂比色法

GB/T 15432 环境空气 总悬浮颗粒物的测定 重量法

GB/T 17137 土壤质量 总铬的测定 火焰原子吸收分光光度法

GB/T 17138 土壤质量 铜、锌的测定 火焰原子吸收分光光度法

GB/T 17140 土壤质量 铅、镉的测定 KI-MIBK 萃取火焰原子吸收分光光度法

GB/T 17141 土壤质量 铅、镉的测定 石墨炉原子吸收分光光度法

GB/T 22105.1 土壤质量 总汞、总砷、总铅的测定 原子荧光法 第 1 部分：土壤中总汞的测定

GB/T 22105.2 土壤质量 总汞、总砷、总铅的测定 原子荧光法 第 2 部分：土壤中总砷的测定

HJ/T 84-2001 水质无机阴离子的测定 离子色谱

HJ/T 91 地表水和污水监测技术规范

HJ/T 164 地下水环境监测技术规范

HJ/T 166 土壤环境监测技术规范

HJ/T 193 环境空气质量自动监测技术规范

HJ/T 194 环境空气质量手工监测技术规范

HJ 479 环境空气 氮氧化物（一氧化氮和二氧化氮）的测定 盐酸萘乙二胺分光光度法

HJ 482 环境空气 二氧化硫的测定 甲醛吸收－副玫瑰苯胺分光光度法

HJ 483 环境空气 二氧化硫的测定 四氯汞盐吸收－副玫瑰苯胺分光光度法

HJ 484-2009 水质 氰化物的测定 容量法和分光光度法

HJ 618 环境空气 PM10 和 PM2.5 的测定重量法

HJ 630 环境监测质量管理技术导则

水和废水监测分析方法（第四版增补版） 嗅和味 文字描述法

水和废水监测分析方法（第四版增补版） 浑浊度 浊度仪法

水和废水监测分析方法（第四版增补版） 肉眼可见物 文字描述法

水和废水监测分析方法（第四版增补版） 汞 原子荧光法

水和废水监测分析方法（第四版增补版） 砷 原子荧光法

水和废水监测分析方法（第四版增补版） 总大肠菌群 多管发酵法

水和废水监测分析方法（第四版增补版） 细菌总数 平板法

水和废水监测分析方法（第四版增补版） 二氧化碳 滴定法

国家环境保护总局 2007 年第 4 号公告 环境空气质量监测规范（试行）

3 术语和定义

下列术语和定义适用本标准。

3.1 环境空气

指人群、植物、动物和建筑物所暴露的室外空气。

3.2 总悬浮颗粒物

指环境空气中空气动力学当量直径小于等于 $100\mu m$ 的颗粒物。

3.3 可吸入颗粒物

指环境空气中空气动力学当量直径小于等于 $10\mu m$ 的颗粒物。

3.4 1 小时平均值

指任何 1 小时污染物浓度的算术平均值。

3.5　日均值

指一个自然日 24 小时平均浓度的算术平均值，也称 24 小时平均值。

3.6　环境背景值

环境中的水、土壤、大气、生物等要素，在其自身的形成与发展过程中，还没有受到外来污染影响下形成的化学元素组分的正常含量。又称环境本底值。

3.7　环境区划

环境区划分为环境要素区划、环境状态与功能区划、综合环境区划等。

3.8　水质监测

指为了掌握水环境质量状况和水系中污染物的动态变化，对水的各种特性指标取样、测定，并进行记录或发出讯号的程序化过程。

3.9　地表水

指存在于地壳表面，暴露于大气的水，是河流、冰川、湖泊、沼泽四种水体的总称，亦称"陆地水"。

3.10　地下水

狭义指埋藏于地面以下岩土孔隙、裂隙、溶隙饱和层中的重力水，广义指地表以下各种形式的水。

3.11　土　壤

由矿物质、有机质、水、空气及生物有机体组成的地球陆地表面上能生长植物的疏松层。

3.12　舍　区

畜禽所处的半封闭的生活区域，即畜禽直接的生活环境区。

3.13　场　区

规模化畜禽场围栏或院墙以内、舍区以外的区域。

3.14 缓冲区

在畜禽场周围，沿场院向外≤500m范围内的畜禽保护区，该区具有保护畜禽场免受外界污染的功能。

4 环境质量要求

畜牧养殖基地应选择在无污染源、远离土壤重金属明显偏高地区。

4.1 空气环境质量要求

养殖基地空气中各项污染物含量不应超过表1所列的指标要求。

表1 环境空气中各项污染物的指标要求

项目	单位	指标	
		日平均	小时平均
总悬浮颗粒物	mg/m³	≤0.30	—
可吸入颗粒物	mg/m³	≤0.15	—
二氧化硫	mg/m³	≤0.12	≤0.40
氮氧化物	mg/m³	≤0.08	≤0.12
氟化物	μg/m³	≤7	≤20
	μg/(dm²•d)	≤1.8	

4.2 饮用水要求

畜牧养殖饮用水中各项污染物不应超过表2所列的指标要求。

表2 畜牧养殖饮用水各项污染物的指标要求

项目	单位	指标
色度	度	15度，并不得呈现其他异色
浑浊度	度	3度
臭和味	—	不得有异臭、异色
肉眼可见物	—	不得含有
pH值	—	6.5～8.5
氟化物	mg/L	≤1.0
氰化物	mg/L	≤0.05
总砷	mg/L	≤0.05

项目	单位	指标
总汞	mg/L	≤ 0.001
总镉	mg/L	≤ 0.01
六价铬	mg/L	≤ 0.05
总铅	mg/L	≤ 0.05
细菌总数	个 /mL	≤ 100
总大肠菌群	个 /L	≤ 3

4.3 土壤环境质量要求

本标准将土壤按 pH 值的高低分为三种情况，即 pH 值 < 6.5，pH 值 6.5 ～ 7.5，pH 值 > 7.5。畜牧养殖基地各种不同土壤中的各项污染物含量不应超过表 3 所列的限值。

表 3   土壤中各项污染物的指标要求

项目	单位	指标		
pH 值		< 6.5	6.5 ～ 7.5	> 7.5
镉	mg/kg	≤ 0.30	≤ 0.30	≤ 0.40
汞	mg/kg	≤ 0.25	≤ 0.30	≤ 0.35
砷	mg/kg	≤ 25	≤ 20	≤ 20
铅	mg/kg	≤ 50	≤ 50	≤ 50
铬	mg/kg	≤ 120	≤ 120	≤ 120
铜	mg/kg	≤ 50	≤ 60	≤ 60

5   监测方法

5.1   空气质量监测

5.1.1   监测点位布设
执行《环境空气质量监测规范（试行）》。

5.1.2   样品采集
环境空气质量监测中的采样环境、采样高度及采样频率等要求，执行 HJ/T 193 或 HJ/T 194。

5.1.3   分析方法
按照表 4 中所列方法执行。

表 4 空气中各项污染物监测分析方法

监测项目	分析方法
总悬浮颗粒物	GB/T 15432
可吸入颗粒物	HJ 618
二氧化硫	HJ 482
	HJ 483
氮氧化物	HJ 479
氟化物	GB/T 15434

5.2 饮用水质量监测

畜牧用水主要为地下水和地表水，水质监测应执行 HJ/T 164 和 HJ/T 91。

5.2.1 监测点位布设

在畜牧饮用水水井或河流采样监测。

5.2.2 样品采集

采样频率应根据牲畜饮用水相关要求确定。

5.2.3 监测分析方法

按表 5 所列方法执行。

表 5 饮用水水质监测分析方法

监测项目	分析方法
色度	GB/T 11903
嗅和味	原国家环境保护总局编《水和废水监测分析方法》（第四版，增补版）
浑浊度	GB 13200
肉眼可见物	目视法
pH 值	GB 6920
氟化物	HJ/T 84
氰化物	HJ 484
汞	HJ 694
砷	HJ 694
镉	GB 7475
六价铬	GB 7467
铅	GB 7475
总大肠菌群	原国家环境保护总局编《水和废水监测分析方法》（第四版，增补版）

监测项目	分析方法
细菌总数	原国家环境保护总局编《水和废水监测分析方法》（第四版，增补版）

5.3 土壤质量监测

5.3.1 监测点位布设

执行 HJ/T 166—2004。

5.3.2 样品采集

执行 HJ/T 166—2004。

5.3.3 监测分析方法

按表 6 所列方法执行。

表 6 土壤中污染物监测分析方法

监测项目	分析方法
pH 值	GB 6920
镉	GB/T 17141
汞	HJ 680
砷	HJ 680
铅	GB/T 17140
铬	GB/T 17137
铜	GB/T 17138

6 检验规则

各项监测过程中，相对应的监测项目，符合相应的项目指标要求时，判定为符合要求。

ICS 65.020.30

B 40

DB1505

通 辽 市 农 业 地 方 标 准

DB 1505/T 059—2014

科尔沁牛肉质量安全追溯系统规范

2014—05—20 发布　　　　　　　　　　　2014—06—10 实施

通 辽 市 质 量 技 术 监 督 局　发 布

前　言

本标准由通辽市农牧业局和通辽市质量技术监督局提出。

本标准由通辽市农牧业局归口。

本标准起草单位：通辽市畜牧兽医科学研究所。

本标准主要起草人：李良臣、贾伟星、高丽娟、郭煜、张延和、于明。

科尔沁牛肉质量安全追溯系统规范

1 范　围

本标准规定了科尔沁牛肉质量追溯术语和定义、要求、信息采集、信息管理、编码方法、追溯标识、体系运行自查和质量安全问题处置。

本标准适用于科尔沁牛肉质量安全追溯。

2 规范性引用文件

下列文件对于本文件的应用是必不可少的。凡是注日期的引用文件，仅所注日期的版本适用于本文件。凡是不注日期的引用文件，其最新版本（包括所有的修改单）适用于本文件。

NY/T 1761 农产品质量追溯操作规程 通则

DB1505/T 060 基于射频识别的犊牛、育肥牛环节关键控制点追溯信息采集指南

3 术语和定义

NY/T 1761 确立的术语和定义适用于本标准。

4 要　求

4.1 追溯目标

追溯的科尔沁牛肉可根据追溯码追溯到各个养殖、加工、流通环节的产品信息及相关责任主体。

4.2 机构和人员

追溯的科尔沁牛肉生产企业、组织或机构应指定机构或个人负责追溯的组织、实施、监控、信息采集、上报、核实和发布等工作。

4.3 设备和软件

追溯的科尔沁牛肉生产企业、组织或机构应配备必要的计算机、网络设备、标签打印机、条码读写设备等，相关软件应满足追溯要求。

4.4 管理制度

追溯的科尔沁牛肉生产企业、组织或机构应制定产品质量追溯工作规范、信息采集规范、信息系统维护和管理规范、质量安全问题处置规范等相关制度，并组织实施。

5 编码方法

5.1 养殖环节

5.1.1 养殖地编码

企业应对每个养殖地，包括养殖场、圈舍等编码，并建立养殖地编码档案。其内容应至少包括地区、面积、养殖者、养殖时间、养殖数量等。

5.1.2 科尔沁肉牛个体编码

企业应对每头科尔沁肉牛个体编码，并建立个体编码档案。其内容应至少包括品种、系谱、养殖时间、健康记录、出栏记录等。

5.1.3 养殖者编码

企业应对养殖者编码，并建立养殖者编码档案。其内容应至少包括姓名、所在的养殖地和养殖数量等。

5.2 加工环节

5.2.1 屠宰厂编码

应对不同屠宰厂编码，同一屠宰厂内不同流水线编为不同编码，并建立养殖场流水编码档案。其内容应至少包括检疫、屠宰环境、清洗消毒、分割等。

5.2.2 包装批次编码

应对不同批次编码，并建立包装批次编码档案。其内容应至少包括生产日期、批号、包装环境条件等。

5.3 储运环节

5.3.1 储藏设施编码

应对不同储存设施编码，不同储藏地编为不同编码，并建立储藏编码档案。其内容应至少包括位置、温度、卫生条件等。

5.3.2 运输设施编码

应对不同运输设施编码，并建立运输设施编码档案。其内容应至少包括车厢温度、运输时间、卫生条件等。

5.4 销售环节

5.4.1 入库编码

应对销售环节库房编码，并建立编码档案。其内容应包括库房号、库房温度、出入库数量和时间、卫生条件等。

5.4.2 销售编码

销售编码可用以下方法：

a）企业编码的预留代码加入销售代码，成为追溯码。

b）企业编码外标出销售代码。

6 信息采集

6.1 信息采集包括产地、生产、加工、包装、储运、销售、检验等环节与质量安全有关的内容。

6.2 信息记录应真实、准确、及时、完整、持久，易于识别和检索。采集方式包括纸质记录和计算机录入等。

6.3 计算机采集执行 DB 1505/T 060。

7 信息管理

7.1 信息存储

应建立信息管理制度，纸质记录应及时归档，电子记录应每两周一次。所有信息档案至少保存 2 年。

7.2 信息传输

上一环节操作结束时，应及时通过网络、纸质记录等以代码形式传递给下一环节，企业、组织或机构汇总诸环节信息后传输到追溯系统。

7.3 信息查询

相关法律法规规定，应向社会公开的质量安全信息均应建立用于公众查询的技术平台。内容应至少包括养殖者、产品、产地、加工企业、批次、质量检验结果、产品标准等。

8 追溯标识

执行 NY/T 1761。

9 体系运行自查

执行 NY/T 1761。

10 质量安全处置

执行 NY/T 1761。

ICS 65.020.30

B 40

DB1505

通 辽 市 农 业 地 方 标 准

DB 1505/T 060—2014

基于射频识别的犊牛、育肥牛环节关键控制点追溯信息指南

2014—05—20发布
2014—06—10实施

通 辽 市 质 量 技 术 监 督 局 发 布

前　言

本标准由通辽市农牧业局和通辽市质量技术监督局提出。

本标准由通辽市农牧业局归口。

本标准起草单位：通辽市畜牧兽医科学研究所。

本标准主要起草人：贾伟星、李良臣、郭煜、高丽娟、高俊杰、郑海英。

基于射频识别的犊牛、育肥牛环节关键控制点追溯信息采集指南

1 范　围

本标准规定了基于射频识别的犊牛、育肥牛环节质量安全追溯体系的内容、信息采集流程、设备要求及追溯信息管理。

本标准适用于通辽地区犊牛、育肥牛环节追溯系统设计和信息采集活动。

2 规范性引用文件

下列文件对于本文件的应用是必不可少的。凡是注日期的引用文件，仅所注日期的版本适用于本文件。凡是不注日期的引用文件，其最新版本（包括所有的修改单）适用于本文件。

GB/T 9813 微型计算机通用规范

SJ/T 11363 电子信息产品中有毒有害物质的限量要求

ISO/IEC 18000-6 信息技术－用于单品管理的射频识别（RFID）第6部分：频率为860MHz—960MHz的空中接口通信参数（information technology—Radio frequency identification for item management—Part6：Parameters for air interface communications at 860 MHz to 960 MHz）

DB15/T 533 牲畜射频识别产品电子代码结构

DB15/T 641 食品安全追溯体系设计与实施通用规范

3 术语和定义

下列术语和定义适用于本标准。

3.1 采　集

对信息进行甄别分析之后的选取过程。

3.2 射频识别（RFID）

在频谱的射频部分，利用电磁耦合或感应耦合，通过各种调制和编码方案与射频标签进行通信，并读取射频标签的信息技术。

3.3 射频标签

用于物体或物品标识，具有信息存储机制的，能接收读写器（PDA）的电磁场调制信号并返回响应信号的数据载体。

3.4 关键控制点（CCP）

能进行控制，以防止、消除某一食品安全危害或将其降低到可以接受水平所必须的食品生产过程中的某一步骤。

4 犊牛、育肥牛生产环节追溯体系

4.1 通用要求

符合 DB15/T 641。

4.2 犊牛、育肥牛生产环节追溯系统构成

基于射频识别的犊牛、育肥牛生产环节追溯系统由射频标签、PDA、养殖场数据库、追溯公共服务平台、用户独立终端和追溯信息系统构成，系统构成如图 1 所示。

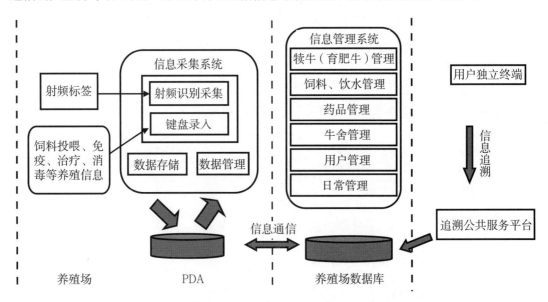

图 1　基于射频识别的犊牛、育肥牛生产环节追溯系统

4.3 犊牛、育肥牛生产环节追溯单元

犊牛、育肥牛生产环节的追溯单元及追溯内容见表 1。

表 1　犊牛生产环节追溯单元及追溯内容

追溯单元	追溯内容
犊牛（育肥牛）	体重、品种、性别、来源
饲料、饲料添加剂	厂商、名称、商品条码、批号（或有效期）、来源、品质、数量与使用情况
饮水	水质与使用情况
兽药	厂商、名称、商品条码、批号（或有效期）、来源、品质、数量与使用情况
消毒药品	厂商、名称、商品条码、批号（或有效期）、来源、品质、数量与使用情况
免疫药品	厂商、名称、商品条码、批号（或有效期）、来源、品质、数量与使用情况
养殖人员（包括饲养员、兽医）	饲养方法与养殖环节操作信息

4.4　追溯标识

采用犊牛、育肥牛射频标签，产品电子代码结构执行 DB 15/T 533。

5　犊牛、育肥牛生产环节追溯信息采集

5.1　信息采集总体要求

犊牛、育肥牛生产追溯信息采集包括：犊牛基础信息（育肥牛入场信息）、犊牛（育肥牛）饲养管理信息、犊牛（育肥牛）出场信息。通过手持 PDA 进行采集（对犊牛、育肥牛编号的采集，通过 PDA 中内置的 RFID 读取模块读取犊牛或育肥牛射频标签；对其他养殖信息的采集则在获得犊牛或育肥牛射频标签后，通过 PDA 键盘录入方式采集），将信息上传到厂商数据库，实现对犊牛、育肥牛生产过程中犊牛（育肥牛）体重、品种、性别、来源信息及饲料、饲料添加剂、饮水、兽药、消毒药品、免疫药品信息以及饲养方法与养殖环节操作信息的采集与管理。

5.2　犊牛生产环节追溯信息采集内容及流程

犊牛生产环节追溯信息采集内容及流程见图 2。

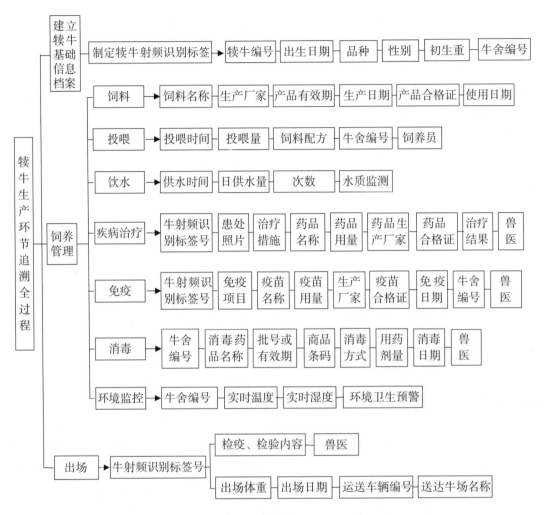

图 2   犊牛生产环节追溯信息采集内容及流程

5.3   育肥牛生产追溯信息采集内容及流程

育肥牛生产追溯信息采集内容及流程见图3。

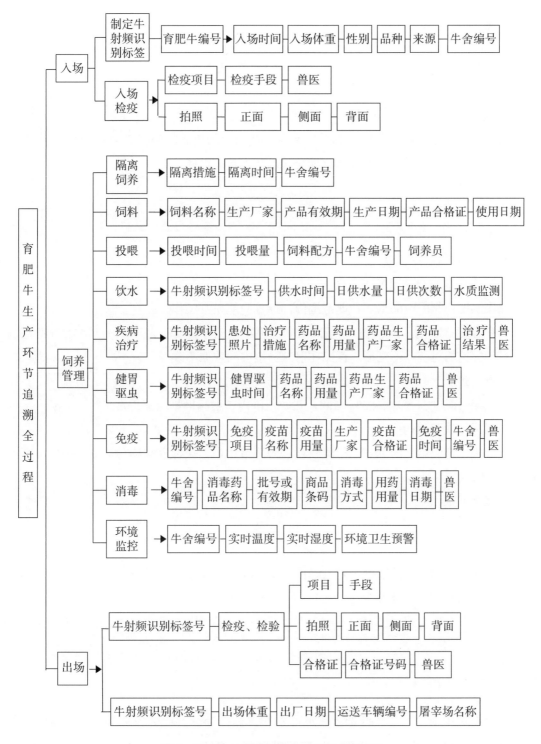

图 3 育肥牛生产追溯信息采集内容及流程

6 设备要求

6.1 射频标签要求

6.1.1 组 成

射频标签用于存储追溯要素和鉴别密钥，使用内部集成的密码算法和 PDA 完成实体识别，全球唯一编码的芯片由嵌体、黏合层以及外封装组成。

6.1.2 尺 寸

应在产品说明书中给出。

6.1.3 外 观

射频标签外观应完整。

6.1.4 工作温度和存储温度

工作温度：-40 ～ 60℃。在此范围内，标签应能正常工作。

储存温度：对采用柔性材料封装的射频标签，其储存温度应为 -40 ～ 80℃。在此范围内，射频标签的封装体不变形，存储在射频标签内的数据不改变。

6.1.5 湿 度

空气相对湿度在 5% ～ 95% 之间，在此范围内，射频标签应能正常工作。

6.1.6 完成一次识读时间

在犊牛（育肥牛）的饲养、检验、检疫等环节中，射频标签与读写器完成一次读写操作所需的时间应≤ 1 s。

6.1.7 读写距离

读写距离≥ 2 cm。

6.1.8 使用寿命

存储在射频标签内的数据，其正确读写≥ 10 万次；射频标签内数据保存时间≥ 10 年。

6.1.9 有毒有害物质限量要求

射频标签在正常使用过程中不应有毒性危害，产品中有毒有害物质的限量应符合 SJ/T 11363 中相关规定。

6.2 读写器（PDA）要求

读写器使用鉴别密钥，并使用集成的密码算法与标签完成实体识别，读写器应具有与厂商数据库的联网能力，实现与厂商数据库基于安全通道的联网通信，符合 ISO/IEC 18000-6。

6.3 厂商数据库要求

厂商数据库应通过追溯查询服务接口与追溯公共服务平台相连，存储犊牛、育肥牛质量安全追溯数据要素、密钥要素和密码算法要素等，能够提供犊牛、育肥牛数据追溯查询结果，并通过追溯公共服务平台返回给服务使用者。

6.4 追溯公共服务平台要求

追溯公共服务平台应具有追溯与查询服务接口，能够关联到厂商数据库，用于向用户提供追溯查询服务，在用户独立终端参与的查询中，能够通过独立的第三方通道向用户独立终端发送查询结果。

6.5 计算机要求

应符合 GB/T 9813 的规定。

6.6 电子秤要求

能将质量数据传送至数据采集设备。

7 追溯信息管理

7.1 追溯信息存储

应建立追溯信息管理制度。纸质记录及时归档，电子记录及时备份，记录应至少保存2 年以上。

7.2 追溯信息传输

犊牛、育肥牛生产过程中追溯信息应做到信息共享，将犊牛、育肥牛生产追溯信息提供给信息需求方。

ICS 65.020.30

B 40

DB1505

通 辽 市 农 业 地 方 标 准

DB 1505/T 061—2014

牛肉质量安全监控机制通用规范

2014—05—20 发布

2014—06—10 实施

通 辽 市 质 量 技 术 监 督 局 发 布

前　言

本标准由通辽市农牧业局和通辽市质量技术监督局提出。

本标准由通辽市农牧业局归口。

本标准起草单位：通辽市畜牧兽医科学研究所。

本标准主要起草人：李良臣、高丽娟、贾伟星、郭煜、范铁力、康宏昌、张延和。

牛肉质量安全监控机制通用规范

1 范 围

本标准规定了牛肉产品质量安全监控的目的、原则、实施方案、问题处置。

本标准适用于通辽地区牛肉产品质量安全监控。

2 规范性引用文件

下列文件对于本文件的应用是必不可少的。凡是注日期的引用文件，仅所注日期的版本适用于本文件。凡是不注日期的引用文件，其最新版本（包括所有的修改单）适用于本文件。

DB 1505/T 059 科尔沁牛肉质量安全追溯系统规范

DB 1505/T 060 基于射频识别的犊牛、育肥牛环节关键控制点追溯信息采集指南

DB 1505/T 062 青贮玉米生产技术规程

DB 1505/T 063 玉米秸秆黄贮技术规程

DB 1505/T 064 科尔沁肉牛育肥技术规程

DB 1505/T 065 科尔沁肉牛兽医防疫准则

DB 1505/T 066 科尔沁肉牛用药准则

DB 1505/T 068 肉牛围栏设计与建筑技术规范

DB 1505/T 069 半开放式牛舍设计与建筑技术规范

DB 1505/T 070 半封闭日光型牛舍设计与建筑技术规范

DB 1505/T 071 全封闭牛舍设计与建筑技术规范

DB 1505/T 072 科尔沁肉牛品种要求

DB 1505/T 076 牛舍环境质量控制

DB 1505/T 077 供港澳活牛

DB 1505/T 078 紫花苜蓿生产技术规程

DB 1505/T 079 沙打旺生产及加工调制技术规程

DB 1505/T 080 青干草加工调制技术规程

DB 1505/T 081 科尔沁肉牛饲料原料 玉米

DB 1505/T 134 科尔沁牛肉鲜、冻分割肉

3 术语和定义

下列术语和定义适用于本标准。

3.1 监控机制

通过制度建设（内部监控）、外部市场及管理机制（外部监控）来约束和管理经营者的行为。

4 目　的

保证牛肉制品质量安全。

5 原　则

5.1 合法性

监控过程中遵循国家有关法律、法规和相关要求。

5.2 对应性

针对生产的不同环节，采用相应的标准。

5.3 完整性

产业链全过程监控。

5.4 高效性

快速、精准实施监督。

6 监管机构

各行政职能部门按照相关的法律法规进行监管，要通力合作，齐抓共管，各司其职，及时处理，做好监控记录。

6.1　养殖、屠宰加工、储运环节由通辽市农牧业局监管。

6.2　市场流通、餐饮环节由通辽市食品药品监督管理局监管。

7 信息平台

配置计算机、网络设备、打印机和相关的软件，记录各项信息，建立高效、准确、便捷的信息平台。

8 实施方案

8.1 监控内容

环境与设施、养殖、屠宰、加工、产品质量安全、检测检验方法、市场流通等环节。

8.2 监控依据

依据国家和地方的相关法律法规、国家相关产品质量检验检测方法和本标准体系制定的相关标准。本体系相关标准包括 DB 1505/T 059、DB 1505/T 060、DB 1505/T 062、DB 1505/T 063、DB 1505/T 064、DB 1505/T 065、DB 1505/T 066、DB 1505/T 068、DB 1505/T 069、DB 1505/T 070、DB 1505/T 071、DB 1505/T 072、DB 1505/T 076、DB 1505/T 077、DB 1505/T 078、DB 1505/T 079、DB 1505/T 080、DB 1505/T 081、DB 1505/T 134。

8.3 人员培训

制订和实施培训计划，对各生产环节的工作人员进行技术讲座、现场示范和指导，保留培训记录。

培训内容：国家相关的法律、法规；本体系相关标准、技术规程；监控体系设计和实施；内部审核和改进要求。

8.4 监控制度

监管部门应制定各环节的监督管理制度，明确各部门和工作人员职责、权限和具体要求。包括投入品管理制度、制程质量管理制度、产品质量安全管理制度、环境质量安全监测制度、产品安全风险评估制度、抽查制度、储运和市场流通管理制度、质量安全信息发布制度。

8.5 内部监控

企业（组织或机构）应建立各生产环节自查制度，定期检查，建立关键指标和内部审核制度，检查结果形成记录。

8.5.1 关键指标

内容包括生产指标、技术指标、质量安全等指标。

8.5.2 内部审核

建立内部审核的计划和程序，记录内部审核相关的活动并形成文件。包括审核的准则、范围、频次和方法；审核计划、审核结果；数据分析，体系的有效性和持续性，体系改进或修订的必要性。

8.6 监控体系的评审与改进

8.6.1 评　审

国家和有关部门对牛肉产品质量安全提出新的要求，或在目标、产品、过程发生变化时，对本标准体系进行评审和改进。评审内容包括测试结果、审核发现、变更、纠正措施、顾客的反馈、新的或修订的法规对本体系的影响、统计评价方法。

8.6.2 改　进

基于评价，采取适当的纠正措施或预防措施，并对实施后的效果进行必要的验证，提供证据证明已采取措施的有效性，确定监控体系的持续改进过程。改进包括停止不正确的工作方法、完善资源与设备、完善各项规章制度、增加或完善信息传递的技术和渠道、重新学习相关文件，有效进行人力资源管理和培训活动，加强上、下游组织之间的交流协作、加强组织内部的互动交流。

9　问题处置

9.1　对于不符合标准规定的操作技术及时纠正，违法者按相关法律法规处理。

9.2　对不符合标准和规定的产品不予上市。

9.3　发现进入流通环节的存在质量安全问题的牛肉制品，依据相关记录迅速界定产品涉及的数量和范围，监管部门责令企业及时召回。

9.4　牛肉制品出现质量安全问题时，监管机构应依据追溯信息，确定产品质量安全问题发生的时间、地点、追溯单元和责任主体，依据相关法律法规处置。

ICS 65.020.30

B 25

DB1505

通 辽 市 农 业 地 方 标 准

DB 1505/T 062—2014

青贮玉米生产技术规程

2014—05—20 发布
2014—06—10 实施

通 辽 市 质 量 技 术 监 督 局　发 布

前　言

本标准由通辽市农牧业局和通辽市质量技术监督局提出。

本标准由通辽市农牧业局归口。

本标准起草单位：通辽市畜牧兽医科学研究所。

本标准主要起草人：高丽娟、李良臣、贾伟星、杨晓松、康宏昌、郭煜、吴龙梅。

青贮玉米生产技术规程

1 范　围

本标准规定了青贮玉米高产栽培与青贮技术规程的基本要求。

本标准适用于通辽地区青贮玉米生产。

2 规范性引用文件

下列文件对于本文件的应用是必不可少的。凡是注日期的引用文件，仅所注日期的版本适用于本文件。凡是不注日期的引用文件，其最新版本（包括所有的修改单）适用于本文件。

GB/T 3543.4 农作物种子检验规程 发芽试验

GB 4404.1 粮食作物种子 第 1 部分：禾谷类

GB/T 15671 农作物薄膜包衣种子技术条件

3 术语和定义

下列术语和定义适用于本标准。

3.1 青贮玉米

青贮玉米是将新鲜玉米存放到青贮窖中（即进行青贮），经发酵制成饲料的禾本科一年生高产作物。青贮玉米并不指玉米品种，青贮玉米是鉴于农业生产习惯对一类用途玉米的统称。

3.2 整　地

作物播种或移栽前进行的一系列土壤耕作措施的总称。

3.3 基　肥

在播种或移植前施用的肥料。也叫底肥。

3.4 种　肥

在播种同时施下或与种子拌混的肥料。

3.5 翻 耙

通常在犁耕后、播种前或早春保墒时，翻松耙平土地的一种表土耕作方式。

3.6 品 种

遗传性稳定，且有较高的经济价值，在一个种内具有共同来源和特有一致性状的栽培植物。

3.7 发芽率

测试种子发芽数占测试种子总数的百分比。

3.8 种子包衣

利用黏着剂或成膜剂，用特定的种子包衣机，将杀菌剂、杀虫剂、微肥、植物生长调节剂、着色剂或填充剂等非种子材料，包裹在种子外面，以达到种子成球形或者基本保持原有形状，提高抗逆性、抗病性，加快发芽，促进成苗，增加产量，提高质量的一项种子技术。

3.9 播 种

将作物种子按一定数量和方式，适时播入一定深度土层中的栽培措施。

3.10 定 苗

当种子完全出苗后，采用人工、机械或化学等人为的方法去除多余的农作物幼苗，使农田中农作物幼苗数量达到理想苗数的过程，称为定苗。

3.11 追 肥

是指在作物生长中加施的肥料。

3.12 中 耕

作物生育期中在株行间进行的表土耕作。

3.13 青 贮

将青绿饲料切碎，放入容器内压实排气，在厌氧条件下乳酸发酵，以供长期储存。

4 青贮玉米高产栽培

4.1 选地与整地

4.1.1 土地要求

土壤肥力中等以上，pH 值 6～8，地势平坦，土层深厚，井渠配套。

4.1.2 整地

3 月上中旬，顶凌期及时耙、耱，使耕层上虚下实、土壤含水量在田间持水量的 70% 以上。

4.1.2.1 基肥

翻旋前施农家肥 30～45 t/hm²。

4.1.2.2 翻耙

深翻 30 cm 以上，翻地后，用旋耕机旋匀，要求土块细碎、地面平整。

4.1.2.3 冬灌

11 月下旬土壤封冻时进行冬灌，灌水量 1 200 m³/ hm²。

4.2 品种及种子选择

4.2.1 品种

选用生物产量高、品质优良、耐密植、抗倒伏、抗病虫害的专用青贮玉米品种。

4.2.2 种子

4.2.2.1 种子质量

符合 GB 4404.1 规定的二级以上要求。

4.2.2.2 发芽率试验

执行 GB/T 3543.4。

4.2.2.3 种子包衣技术操作规程

执行 GB 15671。

4.3 播种

4.3.1 时间

4 月 25 日—5 月 1 日。

4.3.2 温度和持水量要求

5～10 cm 土层温度稳定通过 8～10℃，土壤耕层田间持水量 70% 左右。

4.3.3　种　肥

播种时，每公顷深施磷酸二铵 225 ～ 270 kg、硫酸钾 60 ～ 75 kg，尿素 37.5 kg，随播种机深施种子下方或距种子旁侧 5 ～ 6 cm 处，与种子分层隔开。

4.3.4　播种量

根据品种定密度，分蘖型品种密度 60 000 ～ 67 500 株 /hm²，单秆型品种 6 750 ～ 75 000 株 /hm²。

根据密度、种子发芽率和田间出苗率计算播种量。计算公式为：

$$播种量（kg/hm^2）= \frac{公顷计划种植密度（播种粒数）\times 千粒重（g）}{发芽率（\%）\times 田间出苗率（\%）\times 10^6}$$

4.3.5　播　种

精量播种机播种，行距 50 ～ 60 cm，播深 4 ～ 5 cm。

4.4　田间管理

4.4.1　定　苗

5 ～ 6 片叶展开时，结合中耕机定苗。

4.4.2　追肥与中耕除草

玉米拔节至大喇叭口期，追施尿素 525 ～ 600 kg/hm²；或分别在拔节期和大喇叭口期按 3 ∶ 7 的比例追肥 2 次，追肥后及时灌水，进行中耕培土和除草。

4.4.3　灌　溉

根据墒情按需灌水。全生育期灌水 3 ～ 4 次。玉米拔节后结合追肥浇拔节水；大喇叭口期浇孕穗水；花粒期若土壤田间持水量低于 70% 时，补灌 1 ～ 2 次。灌水量 750 ～ 900 m³/hm²。

4.4.4　虫害防治

采取生物防治措施，或者选用广谱、高效、低毒、无残留的杀虫剂。

5　青贮技术

5.1　储存方式

采取窖贮方式，有永久性窖和土窖两种，可建成地下式、半地下式和地上式。要求不透气、不漏水。永久窖池墙体用砖（石材）、水泥砂浆砌筑，内壁和地面用水泥砂浆抹面，土窖内壁衬 1 ～ 2 层塑料膜。

5.2 贮窖选址

地势高燥、向阳、排水良好、贮取方便。

5.3 窖池容积

窖池容积（长 × 宽 × 深）= 所需贮存青贮量（kg）÷ 550 kg/m³。

5.4 青贮制作

5.4.1 添加剂

牧业盐添加 0.3%（按青贮总量）计。

5.4.2 粉碎铡短

乳熟末期至蜡熟期（8月下旬）即可收割，现贮现割，除净泥土，用机械铡短 1.0 ～ 2.0 cm。

5.4.3 装 窖

边粉碎、边填装、边压实，整窖按层填装，填装至高出窖上口 20 ～ 30 cm。每填装 20 cm 层高时，压实一次，每窖连续一次性完成填装。

5.4.4 密 封

装窖完成后用塑料薄膜密封青贮窖的上口和取料口，塑料薄膜边缘延伸到窖体外缘，上口用 20 ～ 30 cm 厚的碎土覆盖。

5.4.5 维 护

经常检查设施，防设施破损、漏气。

5.4.6 青贮时间

经 50 d 储藏后取用。

6 取 用

从窖池的一端开窖，自上而下切面取用，每次取后封盖好取料面，取出量以日用量为准。

7 品质检验

7.1 颜 色

接近秸秆原色，呈绿色或黄绿色。

7.2 气　味

芳香酒酸味。

7.3 质　地

湿润、茎叶清晰、松散、柔软、不发黏、易分离。

ICS 65.020.30

B 25

DB1505

通 辽 市 农 业 地 方 标 准

DB 1505/T 063—2014

玉米秸秆黄贮技术规程

2014—05—20发布   2014—06—10实施

通 辽 市 质 量 技 术 监 督 局 发布

前　言

本标准由通辽市农牧业局和通辽市质量技术监督局提出。

本标准由通辽市农牧业局归口。

本标准起草单位：通辽市畜牧兽医科学研究所。

本标准主要起草人：郭煜、高丽娟、贾伟星、李良臣、张军、付杰。

玉米秸秆黄贮技术规程

1 范 围

本标准规定了玉米秸秆黄贮技术、质量检验、饲喂要求。

本标准适用于通辽地区玉米秸秆黄贮生产。

2 规范性引用文件

下列文件对于本文件的应用是必不可少的。凡是注日期的引用文件,仅所注日期的版本适用于本文件。凡是不注日期的引用文件,其最新版本(包括所有的修改单)适用于本文件。

DB 1505/T 062 青贮玉米生产技术规程

3 术语和定义

下列术语和定义适用于本标准。

秸秆黄贮:将玉米籽实收获后的秸秆放入密封的窖池中储藏,经一定的发酵过程,使农作物秸秆变成具有酒糟酸香味的饲料秸秆。

4 黄贮技术

4.1 贮窖选址、窖池容积、储存方式

符合 DB 1505/T 062 的要求。

4.2 原料选择

4.2.1 秸 秆
选用清洁未霉变的风干玉米秸秆。

4.2.2 添加剂
牧业用盐。

4.3 秸秆加工

铡短或揉搓。铡短长度以 1.0 ~ 3.0 cm 为宜。

4.4 秸秆调制

100 kg 风干秸秆按牧业用盐 0.5 ～ 1 kg 配比，加水至原料含水量 65% 左右时，迅速装入窖池。

4.5 填装、密封、维护

执行 DB 1505/T 062。

5 质量检验

5.1 感官检验

5.1.1 色 泽
开窖后成品颜色与封窖前无大的变化，则品质好。

5.1.2 气 味
醇香味或果香味，并有弱酸味，则品质好；若酸味过重，则水分过多；若有霉味则已变质。

5.1.3 质 地
拿到手里很松散，质地柔软、湿润；若发黏已变质。

6 取用和饲喂

6.1 取 用

6.1.1 取用时间
夏季 10 ～ 15 d，秋季 15 ～ 30 d，冬季 60 d。

6.1.2 取用方法及注意事项
执行 DB 1505/T 062。

6.2 饲 喂

6.2.1 应掌握循序渐进的原则，由少至多直至标准。

6.2.2 对冬季冻结的饲料应化开后饲喂。

6.2.3 对加入食盐的饲料，这部分食盐应在家畜的日粮中扣除。

ICS 65.020.30

B 40

DB1505

通 辽 市 农 业 地 方 标 准

DB 1505/T 064—2014

科尔沁肉牛育肥技术规程

2014—05—20 发布
2014—06—10 实施

通 辽 市 质 量 技 术 监 督 局 　发 布

前　言

本标准由通辽市农牧业局和通辽市质量技术监督局提出。

本标准由通辽市农牧业局归口。

本标准起草单位：通辽市畜牧兽医科学研究所。

本标准主要起草人：韩玉国、郭煜、李良臣、高丽娟、贾伟星、包明亮。

科尔沁肉牛育肥技术规程

1 范　围

本标准规定了科尔沁肉牛育肥场（户）的选址及场区布局、牛舍设计、育肥与管理、疫病防制等技术要求。

本标准适用于通辽地区科尔沁育肥牛的生产。

2 规范性引用文件

下列文件对于本文件的应用是必不可少的。凡是注日期的引用文件，仅所注日期的版本适用于本文件。凡是不注日期的引用文件，其最新版本（包括所有的修改单）适用于本文件。

GB 5749　生活饮用水卫生标准

GB 13078　饲料卫生标准

GB 16548　病害动物和病害动物产品生物安全处理规程

GB 16549　畜禽产地检疫规范

GB 16567　种畜禽调运检疫技术规范

GB 18596　畜禽养殖业污染物排放标准

GB/T 20014.1　良好农业规范 术语

NY/T 471　绿色食品 畜禽饲料及饲料添加剂使用准则

NY/T 682　畜禽场场区设计技术规范

NY/T 815　肉牛饲养标准

DB 1505/T 062　青贮玉米生产技术规程

DB 1505/T 063　玉米秸秆黄贮技术规程

DB 1505/T 065　科尔沁肉牛兽医防疫准则

DB 1505/T 066　科尔沁肉牛用药准则

DB 1505/T 068　肉牛围栏设计与建筑技术规范

DB 1505/T 069　半开放式牛舍设计与建筑技术规范

DB 1505/T 070　半封闭日光型牛舍设计建筑技术规范

DB 1505/T 071　全封闭牛舍设计建筑技术规范

DB 1505/T 072　科尔沁肉牛品种要求

DB 1505/T 078　紫花苜蓿生产技术规程

DB 1505/T 079 沙打旺生产及加工调制技术规程

DB 1505/T 081 科尔沁肉牛饲料原料 玉米

农业部 畜禽标识和养殖档案管理办法

3 术语和定义

GB/T 20014.1 确立的术语以及下列定义适用于本标准。

3.1 肉 牛

以生产牛肉为主要用途的牛。

3.2 肉牛育肥

利用饲料、管理和环境等条件促进肉牛肌肉和脂肪沉积的过程。

3.3 肉牛育肥场

饲养育肥牛的场所。

3.4 肉牛身份标识物

经行业主管部门批准使用的条码耳标、无线射频耳标以及其他承载肉牛信息的标识物。

4 场址选择及场区规划

执行 NY/T 682。

5 牛舍设计

按 DB 1505/T 068、DB 1505/T 069、DB 1505/T 070、DB 1505/T 071 的有关规定执行。

6 设施设备

具有育肥牛舍、隔离牛舍、饲草料库、饲草料加工车间、青贮窖池、给排水设备设施、消毒设施、兽医室、粪污处理池及废弃物处理等设施。

6.1 饲料加工设备和饲喂设备设施。

6.2 运牛车辆、运输粪便车辆。

6.3 应设置装卸台、装卸通道。

7 架子牛的选择

执行 DB 1505/T 072。年龄 12 ～ 16 月龄，体重 300 kg 以上。

8 架子牛运输

8.1 运输肉牛应具有产地检疫证明，产地检疫执行 GB 16549。

8.2 运输肉牛应带有肉牛身份标识物，该身份标识物应符合《畜禽标识和养殖档案管理办法》。

8.3 不同来源的牛不能混群运输。

8.4 肉牛到达目的地后，检疫项目和程序执行 GB 16567。根据检疫需要，肉牛在隔离牛舍观察不少于 30 d，经兽医检查确定为健康，方可转入育肥牛舍饲养。

8.5 运输前后，运输工具和设备应进行安全检查和清洗消毒。

8.6 避免恶劣天气、野蛮装卸、急刹车、暴力虐待等运输过程中对牛造成的损伤和应激。

9 肉牛育肥

9.1 饲草料

9.1.1 饲料原料、配合饲料和饲料添加剂的使用应符合 GB 13078、NY/T 471 和 DB 1505/T 081 的规定。

9.1.2 原料和成品饲料应分开存放，每批次都应有标签，仓库应保持清洁干燥，防止虫害、鼠害和霉变等。

9.1.3 青绿、青贮饲料和干草、秸秆等粗饲料无发霉、变质、结块和异味。

9.1.4 粗饲料加工调制按 DB 1505/T 062、DB 1505/T 081、DB 1505/T 078、DB 1505/T 079 的有关规定。

9.2 饮用水

应符合 GB 5749 的规定。

9.3 育肥技术

9.3.1 营养需要

执行 NY/T 815。

9.3.2 育肥方法

采用阶段育肥饲养技术，全混合日粮方式饲喂。

9.3.2.1 肥育前期

新入场架子牛隔离饲养 30 d，日粮以粗饲料为主。第 31 天确认无病后转至育肥舍，逐步增加精饲料的饲喂量，7 d 后喂量达到 8.17 kg（干物质），日粮粗蛋白 10.5%，维持净能 7.24 MJ/kg，增重净能 4.02 MJ/kg，日增重 1.3 kg。推荐日粮配方见表 1。

表 1　肥育前期推荐日粮配方

名称	玉米秸秆	玉米	豆粕	棉籽饼（去壳）	食盐	石粉
百分比（%）	34	60	2.5	3	0.3	0.2

9.3.2.2 肥育中期

饲喂量 9.3 kg（干物质），日粮粗蛋白 9.5%，维持净能 7.24 MJ/kg，增重净能 4.64 MJ/kg，日增重 1.3 kg 以上。推荐日粮配方见表 2。

表 2　肥育中期推荐日粮配方

名称	玉米秸秆	玉米	豆粕	棉籽饼（去壳）	食盐	石粉
百分比（%）	27	69.5	1.5	1.5	0.3	0.2

9.3.2.3 肥育后期

饲喂量 10.68 kg（干物质），日粮粗蛋白 9%，维持净能 7.24 MJ/kg，增重净能 4.64 MJ/kg，日增重 1.4 kg 以上。推荐日粮配方见表 3。

表 3　肥育后期推荐日粮配方

名称	玉米秸秆	玉米	棉籽饼（去壳）	食盐	石粉
百分比（%）	23	75.5	1	0.3	0.2

10　注意事项

10.1　育肥场、圈舍

进牛之前 2～4 d，用浓度 20% 石灰乳剂或 2% 漂白粉澄清液对牛舍进行喷洒消毒。牛场应冬暖夏凉、通风良好、安静、清洁、卫生，运动场排水良好。

10.2　隔离、驱虫健胃及防疫

购入的架子牛先安置在隔离区，进行隔离饲养并进行驱虫健胃和免疫接种。

10.3 饲 料

就地取材、多样化、品质上乘、适口性好、干净、无杂质。

10.4 饲 喂

每天饲喂 2～3 次，饲喂间隔均匀，保证牛只充分反刍。

10.5 饮 水

保证饮水的清洁、卫生、充足，冬季以温水为好。

10.6 分组、刷拭、清粪

根据牛的品种、月龄、体重及强弱的不同进行分组并采取不同的饲养管理。每天刷拭牛只 2 次、清粪 2 次。

10.7 健康检查

随时注意观察牛的采食、饮水、反刍、粪尿及精神状态，及时处理异常。

10.8 称重、适时出栏

牛肥育前和肥育结束时各称重 1 次，根据市场行情或者体重已达预期肥育出栏体重，就要出栏。

11 疫病防制

按 DB 1505/T 065、DB 1505/T 066 有关规定执行。

12 废弃物处理

废弃物排放应符合 GB 18596 的规定。

_____

ICS 65.020.30

B 41

DB1505

通 辽 市 农 业 地 方 标 准

DB 1505/T 065—2014

科尔沁肉牛兽医防疫准则

2014—05—20发布　　　　　　　　　　2014—06—10实施

通 辽 市 质 量 技 术 监 督 局　发 布

前　言

本标准由通辽市农牧业局和通辽市质量技术监督局提出。

本标准由通辽市农牧业局归口。

本标准起草单位：通辽市畜牧兽医科学研究所。

本标准主要起草人：范铁力、贾伟星、郭煜、高丽娟、李良臣、郭杰。

科尔沁肉牛兽医防疫准则

1 范　围

本标准规定了科尔沁肉牛疫病预防、监测、控制和扑灭方面的兽医防疫要求。

本标准适用于通辽地区养殖场（户）。

2 规范性引用文件

下列文件对于本文件的应用是必不可少的。凡是注日期的引用文件，仅所注日期的版本适用于本文件。凡是不注日期的引用文件，其最新版本（包括所有的修改单）适用于本文件。

GB 5749　生活饮用水标准

GB 7959　粪便无害化处理卫生要求

GB 13078　饲料卫生标准（含第 1 号修改单）

GB 16548　病害动物和病害动物产品生物安全处理规程

GB 16549　畜禽产地检疫规范

NY/T 5049-2001　无公害食品 奶牛饲养管理准则

NY/T 471　绿色食品 畜禽饲料及饲料添加剂使用准则

NY/T 682　畜禽场场区设计技术规范

NY/T 1167　畜禽场环境质量及卫生控制规范

NY/T 1168　畜禽粪便无害化处理技术规范

NY/T 1892　绿色食品 畜禽饲养防疫准则

DB 1505/T 005　畜牧养殖 产地环境要求

DB 1505/T 066　科尔沁肉牛用药准则

DB 1505/T 064　科尔沁肉牛育肥技术规范

中华人民共和国动物防疫法

中华人民共和国农业部第 1224 号公告 饲料添加剂安全使用规范

中华人民共和国农业部第 2045 号公告 饲料添加剂品种目录

3 术语和定义

下列术语和定义适用于本标准。

3.1 动物疫病

动物的传染病和寄生虫病。

3.2 病原体

能引起疾病的生物体，包括寄生虫和致病微生物。

3.3 动物防疫

动物疫病的预防、控制、扑灭和动物、动物产品的检疫。

3.4 空舍制

清空畜舍内的养殖动物，经彻底消毒并空置一定时间的防疫制度。

3.5 单一养殖

在养殖场内只饲养一种畜禽，以防止不同动物间病原体传播的生物安全措施。

4 疫病预防

4.1 产地环境要求

执行 DB 1505/T 005。

4.2 选址和场区布局

执行 NY/T 682。

4.3 卫生设施及人员管理

符合 NY/T 1892 的要求。

养殖场（户）应有为其服务的动物防疫技术人员。

4.4 牛场清洁卫生、消毒和杀虫灭鼠

消毒药使用应符合 DB 1505/T 066，消毒方法和消毒程序参照 NY/T 5049 执行。定期进行清洁卫生、消毒和杀虫灭鼠。

4.5 单一养殖

牛场应单一养殖。

4.6 空舍制

牛场执行空舍制，每年至少一次，彻底消毒后空置 21 d 以上。

4.7 引进牛只

4.7.1 不应从有牛海绵状脑病及高风险的国家和地区引进牛只、胚胎。

4.7.2 应从非疫区引进牛只，经产地检疫，有动物检疫合格证明和无特定疫病证明。

4.7.3 牛只在装运及运输过程中没有接触过其他偶蹄动物，运输车辆应做过彻底清洗消毒。

4.7.4 牛只引入后至少隔离饲养 30 d，经检疫确认健康后方可合群饲养。

4.8 饲养管理

执行 DB 1505/T 064。

5 饲料、饲料添加剂和兽药的要求

5.1 饲料原料来自水源、空气、土壤无污染地区，饲料和饲料添加剂的卫生指标应符合 GB 13078 的规定。

5.2 选用的饲料添加剂应是《饲料添加剂品种目录（2013）》所规定的品种，饲料和饲料添加剂的使用应按照《饲料添加剂安全使用规范》和 NY/T 471 规定执行。

5.3 禁止饲喂动物源性饲料。

5.4 兽药的使用应执行 DB 1505/T 066。

6 免疫接种

肉牛饲养场应根据《中华人民共和国动物防疫法》及其配套法规的要求，结合当地实际情况，有选择地进行疫病的预防接种工作，应选择适宜的疫苗和免疫方法。

7 病死牛尸体、粪便及废弃物无害化处理

7.1 尸体处理

执行 GB 16548。粪便处理 NY/T 1168。废弃物做无害化处理。

7.2 其 他

肉牛饲养场内不准屠宰和解剖牛只。

8 疫病控制和扑灭

8.1 肉牛饲养场发生或怀疑发生一类疫病时，应依据《中华人民共和国动物防疫法》及时采取以下措施：

8.2 立即封锁现场，驻场兽医应及时进行初步诊断，按程序向当地动物防疫监督机构报告疫情。

8.3 确诊发生口蹄疫、蓝舌病、牛瘟、牛传染性胸膜肺炎时，肉牛饲养场应配合当地畜牧兽医管理部门按相关规定，采取严格的封锁、隔离、扑杀、销毁、紧急免疫接种等强制措施。

8.4 发生牛海绵状脑病时，除了采取上述强制措施外，还需追踪调查病牛的亲代和子代。

8.5 全场进行彻底的清洗消毒，病死牛尸体的无害化处理按 GB 16548 执行。

8.6 发生二类疫病炭疽时，焚毁病牛，对可能污染点彻底消毒，并采取隔离、紧急免疫接种、限制动物及有关物品出入等控制措施。

8.7 发生牛白血病、结核病、布鲁氏菌病等二类疫病，以及发现蓝舌病血清呈阳性牛时，应对牛群进行清群和净化，并采取隔离、扑杀、消毒、无害化处理、紧急预防接种，限制易感动物及其物品出入等控制、扑灭措施。

8.8 当发生国家规定无须扑杀的疫病时，除采取上述扑灭控制措施外，对无治疗价值的病牛应尽快淘汰，有治疗价值的病牛应隔离治疗。

8.9 二、三类疫病呈暴发性流行时，按一类疫病处理。

8.10 根据感染寄生虫种类、感染程度、饲养环境及寄生虫监测结果制定寄生虫防治程序。驱虫后粪便处理应符合 GB 7959 要求。

9 产地检疫

执行 GB 16549。

10 疫病监测

10.1 依照《中华人民共和国动物防疫法》及其配套法规的要求，结合当地实际情况，制定疫病监测方案，由当地动物防疫监督机构实施。

10.2 肉牛饲养场常规监测的疾病至少应包括：口蹄疫、结核病、布鲁氏菌病。

10.3 不应检出的疫病：牛瘟、牛传染性胸膜肺炎、牛海绵状脑病、口蹄疫、结核病、布鲁氏菌病、狂犬病、钩端螺旋体。

11 记 录

记录包括肉牛来源、饲料消耗、发病率、死亡率、死亡原因、消毒、无害化处理、实验室检查及其结果、用药及免疫接种、肉牛去向等，所有记录应保存2年。

ICS 65.020.30

B 41

DB1505

通 辽 市 农 业 地 方 标 准

DB 1505/T 066—2014

科尔沁肉牛用药准则

2014—05—20 发布   2014—06—10 实施

通 辽 市 质 量 技 术 监 督 局   发 布

前　言

本标准中的附录 A、附录 B 为规范性附录。

本标准由通辽市农牧业局和通辽市质量技术监督局提出。

本标准由通辽市农牧业局归口。

本标准起草单位：通辽市畜牧兽医科学研究所。

本标准主要起草人：康宏昌、高丽娟、李良臣、贾伟星、郭煜、孙宝芳。

科尔沁肉牛用药准则

1 范　围

本标准规定了科尔沁肉牛的用药要求、使用记录和不良反应报告。

本标准适用通辽地区肉牛养殖场（户）。

2 规范性引用文件

下列文件对于本文件的应用是必不可少的。凡是注日期的引用文件，仅所注日期的版本适用于本文件。凡是不注日期的引用文件，其最新版本（包括所有的修改单）适用于本文件。

中华人民共和国动物防疫法

兽药管理条例

中华人民共和国农业部公告 235 号　动物性食品中兽药最高残留限量

中华人民共和国农业部公告 278 号　兽药停药期规定

3 术语和定义

下列术语和定义适用于本标准。

3.1 兽　药

用于预防、治疗、诊断动物疾病或者有目的地调节其生理机能的物质（含药物饲料添加剂），主要包括：血清制品、疫苗、诊断制品、微生态制品、中药材、中成药、化学药品；抗生素、生化药品、放射性药品及外用杀虫剂、消毒剂等。

3.2 兽用处方药

凭执业兽医师处方购买和使用的兽药。

3.3 兽用非处方药

由国务院兽医行政管理部门公布的、不需要凭执业兽医师处方就可以自行购买并按照说明书使用的兽药。

3.4 休药期（停药期）

食品动物从停止给药到许可屠宰或其产品（肉、乳、蛋）许可上市的间隔时间。

3.5 最高残留限量（MRLs）

对食品动物用药后产生的允许存在于食物表面或内部的该兽药（或代谢产物）残留的最高含量或最高浓度（以鲜重计，表示为 μg/kg）。

4 兽药使用要求

4.1 基本原则

4.1.1 执业兽医师和肉牛养殖者应遵守《兽药管理条例》的相关规定使用兽药，应凭执业兽医师开具的处方，使用经国务院兽医行政管理部门规定的兽用处方药。禁止使用国务院兽医行政管理部门规定的禁用药品。

4.1.2 执业兽医师和肉牛养殖者进行预防、治疗和诊断疾病所用的兽药应是来自具有《兽药生产许可证》，并获得农业部颁发《中华人民共和国兽药 GMP 证书》的兽药生产企业，或农业部批准注册进口的兽药，其质量均应符合相关的兽药国家质量标准。

4.1.3 禁止使用未经国务院兽医行政管理部门批准作为兽药使用的药物。

4.1.4 执业兽医师应严格按《中华人民共和国动物防疫法》的规定进行免疫，防止发病和死亡。

4.2 允许使用的兽药

4.2.1 允许使用无 MRLs 要求或无停药期要求或停药期短的兽药，使用中应注意以下几点：

    a）应遵守规定的作用与用途、使用对象、使用用途、使用剂量、疗程和注意事项；

    b）最终残留应符合《动物性食品中兽药最高残留限量》的规定；

    c）停药期（详见《兽药停药期规定》）为规定时间的 2 倍。

4.2.2 执业兽医师应慎用经农业部批准的拟肾上腺素药、平喘药、抗胆碱药与拟胆碱药、糖肾上腺皮质激素类药和解热镇痛药。使用上述药物时，应严格按国务院兽医行政管理部门规定的作用用途和用法用量使用。

4.2.3 允许使用附录 B 中的消毒剂。

4.2.4 不应使用抗生素或化学合成的兽药进行预防性治疗。当采用多种预防措施仍无效时，可在执业兽医的指导下使用抗生素或化学合成的兽药，但应经过该药物的休药期的 2 倍时间（如果 2 倍休药期不足 48 h，则应达到 48 h）之后，牛只方可出售。

4.3 禁止使用的兽药

4.3.1 禁止使用附录 A 中兽药。

4.3.2 禁止使用基因工程方法生产的兽药（国家强制免疫的疫苗除外）。

4.3.3 禁止使用药物饲料添加剂。

4.3.4 禁止为了促进畜禽生长而使用抗生素、抗寄生虫药、激素或其他生长促进剂。

4.3.5 非临床医疗需要，禁止使用麻醉药、镇痛药、镇静药、中枢兴奋药、化学保定药及骨骼肌松弛药。必须使用该类药物时，应凭执业兽医师开具的处方用药。

5 兽药使用记录

5.1 执业兽医和肉牛养殖者用药应认真做好用药记录，保存 2 年以上。用药记录应包括：名称（商品名和通用名）、剂型、剂量、给药途径、疗程，药物的生产企业、产品的批准文号、生产日期、批号等。

5.2 执业兽医和肉牛养殖者应严格执行国务院兽医行政管理部门规定的兽药休药期，并向购买者或屠宰者提供准确、真实的用药记录。

6 兽药不良反应报告

执业兽医和肉牛养殖者使用兽药，应对兽药的治疗效果、不良反应做观察记录；发生动物死亡时，分析死亡原因。发现可能与兽药使用有关的严重不良反应时，应当立即向所在地人民政府兽医行政管理部门报告。

附录 A

（规范性附录）

生产 A 级绿色食品禁止使用的兽药

表 A.1　生产 A 级绿色食品禁止使用的兽药

序号	种　类		兽药名称	禁止用途
1	β-兴奋剂类		克伦特罗（Clenbuterd）、沙丁胺醇（Salbutamol）、莱克多巴胺（Ractopamine）、西马特罗（Cimaterol）及其盐、酯及制剂。	所有用途
2	激素类	性激素类	乙烯雌酚（Diethylstilbestrol）、己烷雌酚（Hexestrol）及其盐、酯及制剂。	所有用途
			甲基睾丸酮（Methyltestosterone）、丙酸睾酮（Testosterone Propionate）、苯丙酸诺龙（Nandrolone Phenylpropionate）、苯甲酸雌二醇（Estradiol Benzoate）及其盐、酯及制剂。	促生长
		具有雌激素样作用的物质	玉米赤霉醇（Zeranol）、去甲雄三烯醇酮（Tnenbolone）、醋酸甲孕酮（Mengestrol Acetate）及制剂。	所有用途
3	催眠、镇静类		安眠酮（Methaqualone）及制剂。	
			氯丙嗪（Chlorpromazine）、地西泮（安定、Diazepam）及其盐、酯及制剂。	促生长
4	抗生素类	氨苯砜	氨苯砜（Dapsone）及制剂。	所有用途
		氯霉素等	氯霉素（Chloramphenicol）及其盐、酯[包括：琥珀氯霉素（Chloramphenicol Succinate）]及制剂。	所有用途
		硝基呋喃类	呋喃唑酮（Furazolidone）、呋喃西林（Furacillin）、呋喃妥因（Nitrofuran-toin）、呋喃它酮（Furaltadone）、呋喃苯烯酸钠（Nifurstyrenate sodiurn）及制剂。	所有用途
		硝基化合物	硝基酚钠（Sodium nitrophenolate）、硝呋烯腙（Nitrovin）及制剂。	所有用途
		磺胺类及其增效剂	磺胺噻唑（Sulfathiazole）、磺胺嘧啶（Sulfadiazine）、磺胺二甲嘧啶（Sul-fadimidine）、磺胺甲噁唑（Sulfamethoxazole）、磺胺对甲氧嘧啶（Sulfamethoxy-diazine）、磺胺间甲氧嘧啶（Sulfamonomethoxine）、磺胺地索辛（Sulfadimehho-xine）、磺胺喹噁啉（Sulfaquinoxaline）、三甲氧苄氨嘧啶（Trimethoprim）及其盐和制剂。	所有用途
		喹诺酮类	诺氟沙星（Norfloxacin）、环丙沙星（Ciprofloxacin）、氧氟沙星（Ofloxacin）、培氟沙星（Pefloxacin）、洛美沙星（Lomefloxacin）及其盐和制剂。	所有用途
		奎噁啉类	卡巴氧（Carbadox）、喹乙醇（Olaquindox）及制剂。	所有用途
		抗生素滤渣	抗生素滤渣。	所有用途

序号	种　类		兽药名称	禁止用途
5	抗寄生虫类	苯丙咪唑类	噻苯咪唑（Thiabendazole）、丙硫苯咪唑（Albendazole）、甲苯咪唑（Meben-dazole）、硫苯咪唑（Fenbendazole）、磺苯咪唑（OFZ）、丁苯咪唑（Parbenda-zole）、丙氧苯咪唑（Oxibendazole）、丙噻苯咪唑（CBZ）及制剂。	所有用途
		抗球虫类	二氯二甲吡啶酚（Clopidol）、氨丙啉（Amprolini）、氯苯胍（Robenidine）及其盐和制剂。	所有用途
		硝基咪唑类	甲硝唑（Metronidazole）、地美硝唑（Dimetronidazole）及其盐、酯及制剂等。	促生长
		氨基甲酸酯类	甲萘威（Carbaryl）、呋喃丹（克百威，Carbofuran）及制剂。	杀虫剂
		有机氯杀虫剂	六六六（BHC）、滴滴涕（DDT）、林丹（丙体六六六）（Lindane）、毒杀芬（氯化烯，Camahechlor）及制剂。	杀虫剂
		有机磷杀虫剂	敌百虫（Trichlorfon）、敌敌畏（Dichlorvos）、皮蝇磷（Fenchlorphos）、氧硫磷（Oxinothiophos）、二嗪农（Diazinon）、倍硫磷（Fenthion）、毒死蜱（Chlorpy-rifos）、蝇毒磷（Coumaphos）、马拉硫磷（Malathion）及制剂。	杀虫剂
5	抗寄生虫类	其他杀虫剂	杀虫脒（克死螨，Chlordimeform）、双甲脒（Amitraz）、酒石酸锑钾（Antimo-ny potassium tartrate）、锥虫甲胺（Tryparsamide）、孔雀石绿（Malachite green）、五氯酚酸钠（Pentachlorophenol sodium）、氯化亚汞（甘汞，Calomel）、硝酸亚汞（Mercurous nitrate）、醋酸汞（Mercurous acetate）、吡啶基醋酸汞（Pyridyl mercurous acetate）。	杀虫剂

附录 B

（规范性附录）

动物养殖允许使用的清洁剂和消毒剂

表 B.1　动物养殖允许使用的清洁剂和消毒剂

名　称	使用条件
钾皂和钠皂	
水和蒸汽	
石灰水（氢氧化钙溶液）	
石灰（氧化钙）	
生石灰（氢氧化钙）	
次氯酸钠	用于消毒设施和设备
次氯酸钙	用于消毒设施和设备
二氧化氯	用于消毒设施和设备
高锰酸钾	可使用 0.1% 高锰酸钾溶液，以免腐蚀性过强
氢氧化钠	
氢氧化钾	
过氧化氢	仅限食品级，用作外部消毒剂。可作为消毒剂添加到家畜的饮水中
植物源制剂	
柠檬酸	
过乙酸	
蚁　酸	
乳　酸	
草　酸	
异丙醇	
乙　酸	
酒　精	供消毒和杀菌用
碘（如碘酒）	作为清洁剂，应用热水冲洗；仅限非元素碘，体积百分含量不超过 5%
硝　酸	用于牛奶设备清洁，不应与有机管理的畜禽或者土地接触
磷　酸	用于牛奶设备清洁，不应与有机管理的畜禽或者土地接触
甲　醛	用于消毒设施和设备
用于乳头清洁和消毒的产品	符合相关国家标准
磷酸钠	
季铵盐类	符合相关国家标准

ICS 65.020.30

B 40

DB1505

通 辽 市 农 业 地 方 标 准

DB 1505/T 067—2014

牛冷冻精液人工授精技术规程

2014—05—20 发布　　　　　　　　　　　　　　2014—06—10 实施

通 辽 市 质 量 技 术 监 督 局　发 布

前　言

本标准附录 A、附录 B 为资料性附录。

本标准由通辽市农牧业局和通辽市质量技术监督局提出。

本标准由通辽市农牧业局归口。

本标准起草单位：通辽市畜牧兽医科学研究所。

本标准主要起草人：王维、李津、贾伟星、戴广宇、高丽娟、董志强、李良臣。

牛冷冻精液人工授精技术规程

1 范　围

本标准规定了牛冷冻精液人工授精技术要求。

本标准适用于通辽地区养牛场（户）和人工授精站。

2 规范性引用文件

下列文件对于本文件的应用是必不可少的。凡是注日期的引用文件，仅所注日期的版本适用于本文件。凡是不注日期的引用文件，其最新版本（包括所有的修改单）适用于本文件。

GB/T 5458　液氮生物容器

NY/T 1335　牛人工授精技术规程

DB 1505/T 074　牛妊娠诊断技术规程

3 术语和定义

下列术语和定义适用于本标准。

3.1　冷冻精液

指利用器械以人工方法采集种公牛精液，经过检查、稀释、平衡并利用液氮冷冻、保存。

3.2　解　冻

冷冻精液细管直接置于 38 ～ 40℃水浴中，恢复精子活力的处理方法。

3.3　人工授精

是指利用器械以人工方法采集种公牛精液，经过检查、稀释、平衡、冷冻、保存及解冻等的特定处理后，用器械输入发情母牛的生殖道中，使母牛妊娠的一种繁殖技术。

3.4　发情鉴定

通过观察或检查母牛外部行为征兆和内部生殖器官变化，判断卵巢卵子发育和排出等活动情况和发情阶段。

3.5 妊娠检查

通过母牛外部征兆观察、直肠检查和仪器检查等确定母牛是否妊娠的技术。

4 母牛发情鉴定

4.1 外观表现

通过观察母牛外部行为征兆判断母牛发情阶段，见附录 A。

4.2 直肠检查

通过直肠检查卵巢、触摸卵泡发育状况，判断母牛发情排卵时间，见附录 B。

4.3 电子发情监测法

将母牛行为监测仪安放在母牛的适当部位，采集母牛的行为活动量；将触发天线安装于母牛出入口，当母牛经过触发天线时，激活母牛行为检测仪，并将母牛身份和母牛行为活动量等识别信息数据经过编码、调制后发送至无线读写控制器；计算机管理信息系统软件通过对各个母牛行为活动量掌握牛只的发情状况、配种时间。

4.4 尾根喷漆法

将鉴定母牛每天在尾跟上部喷漆或专用蜡笔涂抹，根据有漆和无漆确定母牛发情。记录发情牛的第一次稳爬时间、发情结束时间以及发情持续时间。准确推算适时配种。

4.5 适时输精

母牛接受爬跨行为后 10 ～ 15 h 第一次输精，然后隔 8 ～ 12 h 可再输一次。

5 冻精质量、储存和运输

5.1 冻精质量

5.1.1 活力、密度、有效精子数、畸形率、细菌数等质量符合 NY/T 1335 要求。

5.1.2 细管完整，字迹清楚，应有生产单位简称、品种、编号、生产日期。

5.1.3 装细管冻精的纱布口袋干净，标签清楚。

5.1.4 冻精在购进、入库和输精前进行质量检测。

5.2　冻精储存

冻精贮存于液氮生物容器（液氮罐）的液氮中。液氮罐应符合 GB/T 5458 的规定。及时添加液氮，保证冻精始终浸在液氮中，保持液氮面高于冻精。应经常检查液氮罐的状况，保证液氮容器完好，液氮罐出现外壳结白霜应立即更换。定期清洗液氮罐。

5.3　冻精运输

运输冻精时，应使用专用液氮容器（有保护外套），添满液氮，固定容器盖，液氮罐不得倒放及碰撞和强烈震荡。远途运输冻精时，备足液氮，及时补加。

6　输精前准备

6.1　母牛保定

将待输精的母牛保定，尾巴向右上方拴系提起。

6.2　选取冻精

取下液氮罐盖，选择所需冻精筒或冻精纱布袋。用镊子准确选出所需的冻精，核对细管冻精标记的公牛编号，应与预配公牛号相符。迅速放置恒温水浴锅中解冻，冻精在液氮外停留时间不应超过 5 s。盖上液氮罐盖。

6.3　解　冻

6.3.1　冻精解冻温度应在 38 ~ 40℃，时间是 15 ~ 20 s。冻精的棉塞端朝下在恒温水浴锅中缓慢摇动。

6.3.2　解冻后精液应在 1 h 内及时输精。冬季外界温度低时应做好精液保温。

6.4　装输精枪

6.4.1　冻精解冻后，用纸巾吸干。

6.4.2　持细管的末端，应尽快地将细管的棉塞端穿入输精枪（采用塑料套管式金属输精器）内。将装好的输精枪垂直握住，用洁净、干燥剪刀剪切冻精细管封口端 10 mm 处。

6.4.3　取出枪套将枪管套上，用手捻枪套向下直到枪的圆锥座处，只触摸枪套的开口端，以保持接触牛的一端清洁。应使用具有双层保护的输精枪外套。

7　输　精

7.1　输精员应修剪指甲。

7.2 母牛在输精前外阴部应用清水清洗，然后用 0.3‰新洁尔灭溶液或酒精棉球消毒，待干燥后，再用生理盐水棉球擦拭。

7.3 发情母牛每次输入 1 支解冻后的冷冻精液。

7.4 采用直肠把握子宫颈深部输精法。输精员一只手戴上一次性长臂手套，用水沾湿，手呈锥形，手心向上伸入直肠后手心转下，找到并握住子宫颈，同时臂肘向下轻压，使阴门张开。另一只手将输精器插入阴道，先自阴门向前向上插入约 13 ～ 17 cm，再向前向下插入，两手相互配合，使输精器尖端对准子宫颈口，缓缓导入子宫颈内 5 ～ 8 cm，然后注入精液，亦可在进入子宫颈内口 1 ～ 4 cm 的子宫体部输精。输精应做到轻入、慢注、缓出。

8 做好配种记录

记录应及时、准确，见表1。

表 1 母牛配种记录表

序号	畜主姓名	畜主住址	牛耳号	母牛品种	母牛年龄	母牛胎次	发情时间	输精时间	冻精编号	冻精来源	复配时间	预产期

9 妊娠检查

采用外部观察法和直肠检查法，执行 DB1505/T 074。

10 效果评定指标

第一情期受胎率：指第一情期输精后，妊娠母牛头数占输精母牛头数的百分比。

$$第一情期受胎率 = \frac{第一情期输精妊娠母牛头数}{第一情期输精母牛头数} \times 100\%$$

$$平均情期受胎率 = \frac{妊娠母牛头数}{情期输精母牛头数} \times 100\%$$

$$总受胎率 = \frac{本年度输精妊娠母牛头数}{本年度输精母牛头数} \times 100\%$$

$$产犊率 = \frac{产犊头数}{输精母牛头数} \times 100\%$$

$$犊牛成活率 = \frac{生后3个月犊牛成活率}{产犊头数} \times 100\%$$

$$繁殖成活率 = \frac{本年度内成活断奶犊牛数}{本年度内适繁母牛头数} \times 100\%$$

附录 A

（资料性附录）

发情母牛的外观表现

A.1 发情初期

母牛鸣叫不安，爱走动，食欲减退，嗅闻其他母牛的外阴部，并爬跨其他牛，此时母牛尚不接受其他牛的爬跨。母牛外阴肿胀湿润，皱纹消失，阴道黏膜变红，有时从母牛阴道流出少量透明的稀薄黏液。

A.2 发情中期

母牛的发情表现逐渐明显，外阴肿胀饱满发亮，阴道黏膜潮红，黏液量多且清亮透明，可拉成细丝状。随母牛发情时间延长，黏液逐渐变得黏稠，常呈粗玻璃棒状，垂于母牛阴门之外。有时在黏液中混有一些米粒大小的白色混浊物。这时母牛频繁追爬其他牛，并接受其他牛的爬跨。

A.3 发情末期

母牛表现逐渐安静，食欲恢复，外阴肿胀消退，阴道黏膜颜色变浅，黏液由多变少，色泽变黄呈团块状，有时混有少量血液，不再接受其他牛爬跨，母牛发情逐渐结束。

附录 B

（资料性附录）

发情母牛直肠检查方法

B.1 发情期判定

通过直肠触摸母牛卵巢和卵泡的变化，确定母牛的发情状况。方法是戴长臂手套涂润滑剂，手呈锥形伸入母牛直肠内，排出直肠内宿粪，找到子宫颈和子宫角，再向前找到母牛卵巢，仔细触摸母牛卵泡的形状、大小和质地等变化情况，判定母牛所处发情时期。

B.2 牛卵泡变化

B.2.1 第1期为卵泡出现期。此时母牛卵巢稍增大，表面有一凸起，触之有一软化点，体积不大，泡膜较厚，无波动感。

B.2.2 第2期为卵泡发育期。这时卵泡逐渐增大，呈小球状，突于卵巢表面，直径0.6～1.5cm，初有波动，以后波动逐渐明显。

B.2.3 第3期为卵泡成熟期。这时卵泡体积不再增大，只是液体增加，泡壁变薄，表皮紧张，凸起充盈，手摸有一触即破之感。这时母牛子宫颈口松软，颈口开张。

B.2.4 第4期为排卵期。此期卵泡破裂，卵子随泡液流失而排出。排卵后泡壁松软呈皮状，卵巢表面出现凹陷，以后形成红体至黄体，此时母牛子宫颈收缩变硬。

ICS 65.020.30

B 40

DB1505

通 辽 市 农 业 地 方 标 准

DB 1505/T 068—2014

肉牛围栏设计与建筑技术规范

2014—05—20 发布　　　　　　　　　　　　2014—06—10实施

通 辽 市 质 量 技 术 监 督 局　发布

前　言

本标准由通辽市农牧业局和通辽市质量技术监督局提出。

本标准由通辽市农牧业局归口。

本标准起草单位：通辽市畜牧兽医科学研究所。

本标准主要起草人：王刚、郭煜、李良臣、高丽娟、吴敖其尔、贾伟星。

肉牛围栏设计与建筑技术规范

1 范 围

本标准规定了肉牛围栏场址选择、场区布局、设计与建筑要求。

本标准适用于通辽地区肉牛围栏饲养。

2 规范性引用文件

下列文件对于本文件的应用是必不可少的。凡是注日期的引用文件，仅所注日期的版本适用于本文件。凡是不注日期的引用文件，其最新版本（包括所有的修改单）适用于本文件。

NY/T 682 畜禽场场区设计技术规范

3 术语和定义

下列术语和定义适用于本标准。

3.1 围 栏

用于养牛的围护建筑。

3.2 饲喂通道

场区内运送饲料及人员进出的通道。

3.3 清粪通道

场区内用于清理粪污的通道。

4 选址和场区布局

执行 NY/T 682 。

5 设计与建筑要求

5.1 基本要求

围栏建设要保证牛的活动量以及对环境的适应性。

5.2 围　栏

围栏由钢管或其他材料构成。围栏高度不低于 1.2 m，围栏面积每头育肥牛 10 m^2 左右，繁殖母牛 15 m^2 左右。

5.3 饲料挡墙

挡墙宽 5 ～ 13 cm，高 20 cm 左右。

5.4 饮水设施

可用水槽或自动饮水器。

5.5 饲喂通道、清粪通道

宽度以运料车和清粪车通过为宜。

5.6 地　面

地面应采用三合土、混凝土或立砖。

ICS 65.020.30

B 40

DB1505

通 辽 市 农 业 地 方 标 准

DB 1505/T 069—2014

半开放式牛舍设计与建筑技术规范

2014—05—20 发布　　　　　　　　　　　2014—06—10 实施

通 辽 市 质 量 技 术 监 督 局　发布

前　言

本标准附录 A 为资料性附录。

本标准由通辽市农牧业局和通辽市质量技术监督局提出。

本标准由通辽市农牧业局归口。

本标准起草单位：通辽市畜牧兽医科学研究所。

本标准主要起草人：高丽娟、李良臣、郭煜、贾伟星、李旭光、郭福纯。

半开放式牛舍设计与建筑技术规范

1 范 围

本标准规定了半开放式牛舍设计与建筑技术要求。

本标准适用于通辽地区养牛场（户）。

2 规范性引用文件

下列文件对于本文件的应用是必不可少的。凡是注日期的引用文件，仅所注日期的版本适用于本文件。凡是不注日期的引用文件，其最新版本（包括所有的修改单）适用于本文件。

GBJ 16 建筑设计防火规范

3 术语和定义

下列术语和定义适用于本标准。

3.1 半开放式牛舍

三面有墙，有顶棚，向阳一面敞开，在敞开一侧设有围栏的牛舍。

3.2 饲 槽

用于放置饲料、饲草，供牛采食的饲喂设备，一般设在圈舍内或运动场内。

3.3 运动场

牛舍外供牛活动的区域。

4 建筑尺寸

4.1 棚舍跨度和长度

单坡式跨度 6 m 左右，双坡、不等坡式跨度 9 m 左右。根据场地的地形地势、建筑结构和材料、饲养规模综合考虑。

4.2 棚舍檐高

北侧檐高 2.6 m 以上，南侧檐高 3.2 m 以上。

4.3 地　面

地面标高应高出运动场地面 10 cm，运动场平整，周围有排水沟。

5　面　积

根据饲养量确定建筑面积，成年牛每头 8 m² 左右。南侧设运动场，面积应是牛舍建筑面积的 2.5 倍左右。

6　安全性设计

抗风雪性能不低于当地民用建筑抗风雪强度设计要求；抗震裂度设计可按低于当地民用建筑 1 度设防；应符合 GBJ 16 三级防火要求。

7　建筑材料

7.1　墙　体

砖、石、土坯、复合夹心板等。

7.2　顶　棚

采用当地材料或复合夹芯板等材料。

7.3　结构骨架

结合当地情况应采用钢、木、钢筋混凝土等建筑材料。

7.4　地　面

地面可使用三合土、砖、木质等材料。

7.5　围　栏

采用适合当地情况的土墙、木桩、砖墙、水泥板、钢管等材料。

7.6　绿　化

选择适合当地生长、对人畜无害树木进行运动场周边及道路两旁绿化，绿化率≥30%。

附　录A

（资料性附录）

示意图

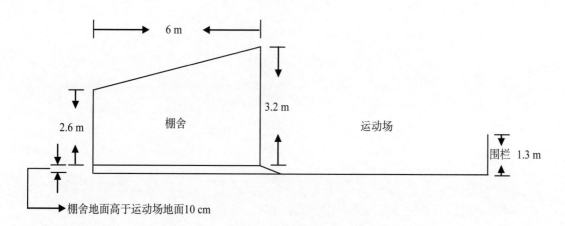

图 A.1　半开放式舍

ICS 65.020.30

B 40

DB1505

通 辽 市 农 业 地 方 标 准

DB 1505/T 070—2014

半封闭日光型牛舍设计与建筑 技术规范

2014—05—20发布　　　　　　　　　　2014—06—10实施

通 辽 市 质 量 技 术 监 督 局　发布

前　言

本标准附录 A 为资料性附录。

本标准由通辽市农牧业局和通辽市质量技术监督局提出。

本标准由通辽市农牧业局归口。

本标准起草单位：通辽市畜牧兽医科学研究所。

本标准主要起草人：郑海英、张延和、李良臣、高丽娟、贾伟星、包世俊。

半封闭日光型牛舍设计与建筑技术规范

1 范　围

本标准规定了半封闭日光型牛舍场址选择和场区布局、设计与建筑技术要求及注意事项。

本标准适用于通辽地区养殖场（户）。

2 规范性引用文件

下列文件对于本文件的应用是必不可少的。凡是注日期的引用文件，仅所注日期的版本适用于本文件。凡是不注日期的引用文件，其最新版本（包括所有的修改单）适用于本文件。

GB 5749　生活饮用水卫生标准

GBJ 16　建筑设计防火规范

NY/T 1178　牧区牛羊棚圈建设技术规范

3 术语和定义

下列术语和定义适用于本标准。

半封闭日光型牛舍

三面有墙，一面有半墙的牛舍，当冬季天气寒冷时，用塑料薄膜扣棚或采光材料形成封闭状态，提高舍内温度。

4 设计与建筑

4.1 牛舍朝向

坐北朝南，偏向西 10° ～ 15°。

4.2 跨度和长度

单列式牛舍跨度净宽 7 m 左右，双列式牛舍净宽 13 m 左右。长度根据场地具体情况和饲养量而定。

4.3 舍间距离

舍间距离为圈舍宽度 2 ～ 3 倍。

4.4 建筑结构

采用砖木结构、砖混结构或轻钢结构。

4.5 地　基

须用石块或砖砌地基，地基深 50 cm 左右，并高于地面。

4.6 墙壁与顶棚

前墙、端墙为 24 cm 砖墙，后墙 37 cm 砖墙。前檐高 3.2 m，后檐高 2.6 m，脊高 4.5 m。顶棚冬季用塑料薄膜或采光材料。塑膜选用 0.08 ～ 0.10 mm 的无滴膜。塑料薄膜棚面与地面角度应为 63° 左右。

4.7 地　面

采用三合土、木质、立砖、混凝土等材料。地面 5% 左右的坡度。混凝土抹平、搓毛面。

4.8 扣　膜

执行 NY/T 1178。

4.9 通　道

单列式牛舍北侧为饲料通道，南侧为清粪通道；对头双列式牛舍，中间为饲料通道，南北两侧为清粪通道。通道宽度以便于饲料车和清粪车通过为宜。

4.10 粪尿沟

宽 0.25 ～ 0.3 m，深 0.15 ～ 0.3 m，倾斜度 0.2% ～ 0.5%，粪尿沟为水泥砂浆面层，粪尿沟与地下排污管的连接处设沉淀池，上盖铁篦子、塑钢篦子或高强度塑料篦子。

4.11 通风口

进气口设在前墙高度 1/2 处的下端，进气口尺寸为 40 cm × 40 cm，每隔 5 m 设一个；排气口设在顶棚，每隔 3 m 设一个，排气口也可安装自动排风装置。

4.12 牛床、运动场

执行 NY/T 1178。

4.13 抗风雪

不低于当地民用建筑抗风雪强度设计规范要求。

4.14 供　电

应满足照明、机械加工设备等用电要求。

4.15 供水、排水设备

4.15.1 宜采用自动供水系统，根据需水总量和 GB 5749 选定水源、储水设施和管路。

4.15.2 排水应采用雨污分流制，污水暗管排入污水处理设施。

5 防火等级

符合 GBJ 16 三级要求。

6 注意事项

6.1 牛舍基础施工应在结冻前完成。

6.2 新建牛舍干燥后方可使用。

6.3 使用前，牛舍应彻底消毒。

附录 A

（资料性附录）

示意图

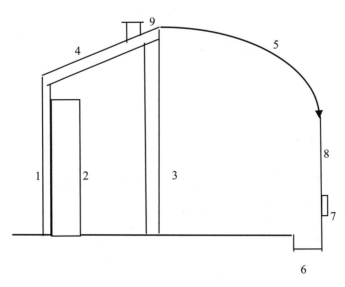

1 后墙　2 门　3 立柱　4 顶棚　5 塑料棚　6 粪尿沟　7 进气口　8 前墙　9 排气口

图 A.1　半封闭日光型牛舍剖面图（单列式）

ICS 65.020.30

B 40

DB1505

通 辽 市 农 业 地 方 标 准

DB 1505/T 071—2014

全封闭牛舍设计与建筑技术规范

2014—05—20发布

2014—06—10实施

通 辽 市 质 量 技 术 监 督 局　发 布

前　言

本标准附录 A 为资料性附录。

本标准由通辽市农牧业局和通辽市质量技术监督局提出。

本标准由通辽市农牧业局归口。

本标准起草单位：通辽市畜牧兽医科学研究所。

本标准主要起草人：贾伟星、高丽娟、郑海英、李良臣、康宏昌、董福臣。

全封闭牛舍设计与建筑设计规范

1 范 围

本标准规定了全封闭牛舍场址选择和场区布局、设计与建筑技术要求及注意事项。

本标准适用于通辽地区规模养牛场、养牛户。

2 规范性引用文件

下列文件对于本文件的应用是必不可少的。凡是注日期的引用文件，仅所注日期的版本适用于本文件。凡是不注日期的引用文件，其最新版本（包括所有的修改单）适用于本文件。

GB 5749 生活饮用水卫生标准

GBJ 16 建筑设计防火规范

NY/T 1178 牧区牛羊棚圈建设技术规范

3 术语和定义

下列术语和定义适用于本标准。

3.1 全封闭牛舍

四面有墙，上有固定顶棚，设有门、窗和通风口的牛舍。

3.2 单列式牛舍

牛床呈单列式排列的牛舍。

3.3 双列式牛舍

牛床呈双列式排列的牛舍。

4 设计与建筑

4.1 牛舍朝向

坐北朝南，偏向西 10° ～ 15°。

4.2　舍间距离

舍间距离为圈舍宽度 2 ～ 3 倍为宜。

4.3　跨度和长度

单列式牛舍跨度净宽 7 m 左右，双列式牛舍净宽 13 m 左右。长度根据饲养量和场地具体情况而定。

4.4　建筑结构

砖混或轻钢结构。

4.5　地　基

应用石块或砖砌地基，地基深 50 ～ 80 cm，并高于地面。

4.6　墙　壁

砖墙厚 24 ～ 37 cm，北墙厚 37 cm，内墙抹灰。墙体用复合夹芯材料时，施工根据设计要求进行安装。

4.7　屋　顶

单坡式牛舍前檐高 3.5 m，后檐高 2.8 m，脊高 4.0 ～ 5.0 m。双坡式牛舍前后檐高 3.0 ～ 3.5 m，脊高 4.0 ～ 5.0 m，屋顶应设保温层，材料可用石棉瓦、彩钢瓦、复合夹芯板等。

4.8　门　窗

门高 2.1 ～ 2.5 m，宽 2.5 ～ 3.0 m。门设成双开门或上下翻卷门，不设门槛或台阶。南窗高 1.5 m，宽 2.0 m；北窗高 0.8 m，宽 1.5 m，窗台距地面 1.4 m 为宜，每隔 2 m 设一个窗户。门窗采用防腐蚀新型材料。

4.9　地　面

采用三合土、木质、立砖、混凝土等材料。地面 5% 左右的坡度。混凝土抹平、搓毛面。

4.10　通　道

单列式牛舍南侧为饲料通道，北侧为清粪通道；对头双列式牛舍，中间为饲料通道，南北两侧为清粪通道。通道宽度以便于饲料车和清粪车通过为宜。

4.11 粪尿沟

宽 0.25 ～ 0.3 m，深 0.15 ～ 0.3 m，倾斜度 0.2% ～ 0.5%，粪尿沟为水泥砂浆面层，粪尿沟与地下排污管的连接处设沉淀池，上盖铁篦子、塑钢篦子或高强度塑料篦子。

4.12 通　风

通风口设在屋顶，采用自动通风装置，单列式每 5 m 设一个，双列式牛舍每 3 m 设 1 个。

4.13 牛床、运动场

执行 NY/T 1178。

4.14 抗风雪

不低于当地民用建筑抗风雪强度设计规范要求。

4.15 供　电

应满足照明、机械设备等用电要求。

4.16 供水、排水设备

4.16.1 宜采用自动供水系统，根据需水总量和 GB 5749 选定水源、储水设施和管路。
4.16.2 排水应采用雨污分流制，污水暗管排入污水处理设施。

4.17 防火等级

符合 GBJ 16 三级要求。

5 注意事项

5.1 牛舍基础施工应在结冻前完成。
5.2 新建牛舍干燥后方可使用。
5.3 使用前，牛舍应彻底消毒。

附录 A

（资料性附录）

牛舍剖面图

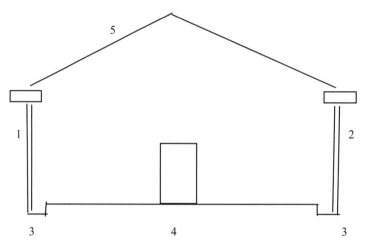

1 北墙　2 南墙　3 粪尿沟　4 门　5 顶棚

图 A.1　全封闭牛舍剖面图（双坡式）

ICS 65.020.30

B 40

DB1505

通 辽 市 农 业 地 方 标 准

DB 1505/T 072—2014

科尔沁肉牛品种要求

2014—05—20 发布　　　　　　　　　　2014—06—10 实施

通 辽 市 质 量 技 术 监 督 局　发 布

前　言

本标准由通辽市农牧业局和通辽市质量技术监督局提出。

本标准由通辽市农牧业局归口。

本标准起草单位：通辽市畜牧兽医科学研究所。

本标准主要起草人：高丽娟、李良臣、贾伟星、郭煜、黄保平。

科尔沁肉牛品种要求

1 范　围

本标准规定了科尔沁肉牛产地、特性、外貌特征、体尺、体重及产肉性能的基本要求。

本标准适用于通辽地区养牛场（户）。

2 术语和定义

下列术语和定义适用于本标准。

肉牛

以生产牛肉为主要用途的牛。

3 品种要求

3.1 来　源

中国西门塔尔牛（草原类群）及其杂种。

3.2 产　地

产自通辽地区科尔沁草原。

3.3 特　性

耐寒、耐粗饲、抗病力强、适应性强；体躯丰满、增重快、饲料利用率高、产肉性能好，肉质好。

3.4 外貌特征

毛色为红（黄）白花，头部白色或带眼圈，尾梢、四肢和腹部为白色，角蹄蜡黄色，鼻镜肉色；乳房发育良好，结构均匀紧凑；体躯宽深高大，背腰平直，结构匀称，体质结实，肌肉发达。

3.5 体　尺

科尔沁肉牛成年牛体尺应符合表 1 要求。

表 1   科尔沁肉牛成年牛体尺 （单位：cm）

性别	体高	体长	胸围	管围
公	145	190	230	25
母	130	160	195	19

3.6 体 重

平均初生重 42 kg 以上，6 月龄平均体重 200 kg 以上，12 月龄平均体重 300 kg 以上，18 月龄平均体重 550 kg 以上，成年公牛体重 1 200 ～ 1 300 kg，成年母牛体重 650 ～ 800 kg。

3.7 产肉性能

6 月龄至 24 月龄平均日增重：公牛 1.3 kg 以上、母牛 0.9 kg 以上；18 月龄以上的公牛或阉牛屠宰率 54% ～ 56%，净肉率 43% ～ 45%。

ICS 65.020.30

B 40

DB1505

通 辽 市 农 业 地 方 标 准

DB 1505/T 073—2014

母牛繁育场技术规范

2014—05—20 发布　　　　　　　　　　　　　　　　2014—06—10 实施

通 辽 市 质 量 技 术 监 督 局　　发 布

前　言

本标准附录 A 为资料性附录。

本标准由通辽市农牧业局和通辽市质量技术监督局提出。

本标准由通辽市农牧业局归口。

本标准起草单位：通辽市畜牧兽医科学研究所。

本标准主要起草人：郭煜、贾伟星、高丽娟、李良臣、杨醉宇。

母牛繁育场技术规范

1 范 围

本标准规定了母牛繁育场的选址、布局、饲养管理、繁育技术、疫病防制等技术要求。

本标准适用于通辽地区母牛繁育场。

2 规范性引用文件

下列文件对于本文件的应用是必不可少的。凡是注日期的引用文件，仅所注日期的版本适用于本文件。凡是不注日期的引用文件，其最新版本（包括所有的修改单）适用于本文件。

GB 5749 生活饮用水卫生标准

GB 13078 饲料卫生标准

GB 16548 病害动物和病害动物产品生物安全处理规程

GB 18596 畜禽养殖业污染物排放标准

NY/T 471 绿色食品 畜禽饲料及饲料添加剂使用准则

NY/T 682 畜禽场场区设计技术规范

DB 1505/T 067 牛冷冻精液人工授精技术规范

DB 1505/T 068 肉牛围栏设计与建筑技术规范

DB 1505/T 069 半开放式牛舍设计与建筑技术规范

DB 1505/T 070 半封闭日光型牛舍设计建筑技术规范

DB 1505/T 071 全封闭牛舍设计建筑技术规范

DB 1505/T 074 牛妊娠诊断技术规程

DB 1505/T 081 科尔沁肉牛饲料原料 玉米

DB 1505/T 084 牛胚胎移植技术规范

3 术语和定义

下列术语和定义适用于本标准。

3.1 犊 牛

6月龄以内的牛。

3.2 奶牛能量单位

1 kg 含乳脂率 4% 的标准乳所含产奶净能 3.138 MJ 作为一个奶牛能量单位（NND）。

4 选址、布局

执行 NY/T 682 。

5 牛舍设计

执行 DB 1505/T 068、DB 1505/T 069、DB 1505/T 070 和 DB 1505/T 071。

6 饲草料及饮用水

6.1 饲草料

执行 GB 13078、NY/T 471 和 DB1505/T 081。

6.2 饮用水

应符合 GB 5749 规定。

7 营养与饲养

7.1 犊 牛

7.1.1 日粮营养水平：日粮干物质为体重的 2.2% ～ 2.5%，粗纤维 13%、粗蛋白 18%、钙 0.7%、磷 0.35%，每千克饲料干物质含 2.0 个 NND。

7.1.2 饲喂量：哺乳期 120 d 以上，1 ～ 7 d 喂初乳，7 d 以后开始训练采食精、粗饲料，30 d 时精料增至 1 kg/d 左右，6 月龄时，精料的供给量增至 2.5 ～ 3.0 kg/d。

7.2 6 ～ 18 月龄母牛

7.2.1 日粮营养水平：日粮干物质为体重的 1.5% ～ 1.8%，粗纤维 15%、粗蛋白 16%、钙 0.45%、磷 0.3%，每千克饲料干物质含 1.7 个 NND。

7.2.2 饲喂量：干草 6.0 kg/d，精料 3.0 ～ 3.5 kg/d。

7.3 19 ～ 24 月龄母牛

7.3.1 日粮营养水平：日粮干物质为体重的 1.5% ～ 1.7%，粗纤维 15%、粗蛋白 16%、钙 0.45%、磷 0.3%，每千克饲料干物质含 1.6 个 NND。

7.3.2 饲喂量：干草 10.0 kg/d，精料 2.5 ～ 3.0 kg/d。

7.4 24 月龄以上母牛

7.4.1 日粮营养水平：日粮干物质占体重的 1.4% ～ 1.7%，粗纤维 20%、粗蛋白 12%、钙 0.5%、磷 0.3%，每千克饲料干物质含 1.7 ～ 2.2 个 NND。

7.4.2 饲喂量：干草 12.0 kg/d，精料 3.0 ～ 4.5 kg/d。

8 管 理

8.1 犊 牛

8.1.1 日喂奶 3 次，奶温 37 ～ 39℃为宜。

8.1.2 犊牛应自由饮水，冬季饮用水温 25℃左右。

8.1.3 随时观察牛只精神状态、食欲及粪便是否正常。

8.1.4 犊牛单栏饲养，用具定期消毒。

8.1.5 1 月龄内去角，去角方法见附录 A。

8.2 6 月龄以上母牛

8.2.1 饲喂应做到定时、定量，每日饲喂不少于两次。

8.2.2 如果需要变更饲料，应保证 2 周左右的过渡期，并保持日粮组成的相对稳定。

8.2.3 应保证饮水充足，冬季水温 8 ～ 10℃为宜。

8.2.4 日粮营养水平应根据母牛食欲、膘情、气温变化等因素适当调整。

8.2.5 每天刷拭牛体 1 ～ 2 次。

8.2.6 母牛应分组饲养，将年龄、体格相近的牛分在同组饲养，同组的以年龄相差不超过 2 个月、活重相差不超过 30 kg 为宜，每组头数不超过 50 头。

8.2.7 保证母牛每天至少有 2 h 以上的运动。

9 繁育技术

执行 DB 1505/T 067、DB 1505/T 084、DB 1505/T 074。

10 疫病防制

执行 DB 1505/T 065、DB 1505/T 066。

11 废弃物处理

废弃物排放应符合 GB 18596 的规定。

附录 A

（资料性附录）

犊牛去角方法

A.1 电烙铁去角法

A.1.1 去角所用的电烙铁为特制的，其顶端呈杯状，大小与犊牛角基部一致。

A.1.2 去角时将电烙铁顶端放置在犊牛角基部烙 15 ～ 20 s。

A.1.3 此法不出血，可常年操作，适用于 30 日龄以内的犊牛。

A.2 氢氧化钾去角法

A.2.1 剪去角基部及周边的毛。

A.2.2 在犊牛角基部的周边涂抹凡士林，防止涂抹的氢氧化钾溶液流入眼中。

A.2.3 用氢氧化钾棒涂抹、摩擦犊牛角基部，直到牛角基部出血为止。

A.2.4 此法适用于 3 ～ 20 日龄的犊牛。

A.2.5 此法去角的犊牛，在初期应与其他犊牛隔离，同时避免雨淋，防止氢氧化钾溶液流到眼内及面部，造成伤害。

ICS 65.020.30

B 42

DB1505

通 辽 市 农 业 地 方 标 准

DB 1505/T 074—2014

牛妊娠诊断技术规程

2014—05—20 发布　　　　　　　　　　　　2014—06—10 实施

通 辽 市 质 量 技 术 监 督 局　发布

前　言

本标准由通辽市农牧业局和通辽市质量技术监督局提出。

本标准由通辽市农牧业局归口。

本标准起草单位：通辽市畜牧兽医科学研究所。

本标准主要起草人：李良臣、韩玉国、高丽娟、李欣、贾伟星。

牛妊娠诊断技术规程

1 范　围

本标准规定了母牛妊娠诊断的方法。

本标准适用于通辽地区养牛场及养牛户。

2 定　义

下列术语和定义适用于本标准。

2.1 妊娠诊断

母牛配种后经过一定时间进行怀孕检查。

2.2 牛直肠检查

通过牛的直肠检查诊断母牛是否怀孕。

2.3 孕　脉

牛在怀孕期子宫中动脉变粗，动脉内膜的皱襞变厚，而且和肌层的联系疏松，脉搏由清楚的搏动变成间隔不明显的流水样的颤动，称为孕脉。

3 妊娠诊断方法

3.1 临床诊断法

问诊、视诊、听诊和触诊。

3.2 实验室诊断法

血清、乳及宫颈黏液生物学检查法和化学检查法。

3.3 特殊诊断法

直肠检查、阴道活组织检查、X 射线诊断、超声波探测、胎儿心电图检查、免疫学诊断等。

4 牛直肠检查

4.1 方法和步骤

将母牛直肠宿粪掏净，再将母牛后躯清洗干净。将手伸入直肠，先摸到子宫颈，再将中指向前滑动，寻找角间沟，然后将手向前、向后、再向后，试把2个子宫角都掌握在手内，分别触摸。经产牛子宫角有时不呈现绵羊角状而垂入腹腔，不易全部摸到，这时可先握住子宫角向后拉，然后手带着肠管迅速向前滑动，握住子宫角，逐渐向前移，摸清整个子宫角。摸过子宫角后，在其尖端外侧或下侧寻找卵巢，进行黄体触诊。

4.2 未孕诊断

子宫颈、体、角及卵巢均位于骨盆腔内；经产多次的牛，子宫角可垂入入口前缘腹腔内。两角大小相等，形状相似，弯曲如绵羊角状；经产牛有时右角略高于左角、迟缓、肥厚。能够清楚地摸到子宫角间沟。子宫角经触摸即收缩，变得有弹性，有厚实感，能将子宫握在手中，卵巢大小与有无黄体和卵泡而定。

4.3 怀孕诊断

4.3.1 20～25 d，一侧卵巢上有发育良好的黄体，80%即可认定怀孕。

4.3.2 1个月：子宫角间沟仍清楚；孕角及子宫较粗、柔软、壁薄，绵羊角状弯曲不明显，触诊时孕角一般不收缩；有时收缩则感觉有弹性，内有液体波动，像软壳蛋样。空角常收缩，感觉有弹性且弯曲明显。子宫角的粗细依胎次而定，胎次多的较胎次少的稍粗。

4.3.3 2个月：角间沟已不清楚，但两角之间的分岔仍然明显。子宫角进入腹腔，孕角壁软而薄，且有液体波动。如在子宫颈之前摸不清楚子宫角，仅摸到一堆软东西时，此牛可能已孕，仔细触诊可将两角摸清楚。

4.3.4 3个月：角间沟消失。子宫颈移至耻骨前缘。由于宫颈向前可触到扩大的子宫从骨盆腔向腹腔下垂，两角共宽一掌多。在肠胃内容物多时，子宫被挤入骨盆入口，且子宫壁收缩时，可以摸到整个子宫的范围，体积比排球稍小；偶尔还可触到浮在羊水中的胎儿，有时感到有胎动，子宫壁一般均感柔软，无收缩。孕角比空角大得多；液体波动感清楚，有时在子宫壁上可以摸到如同蚕豆样大小的胎盘突。

4.3.5 4个月：子宫像口袋一样垂入腹腔。子宫颈移至耻骨前缘之前，手提子宫颈可明显感觉到重量。抚摸子宫壁能清楚地摸到许多胎盘突，其体积比卵巢稍小。子宫被胃肠挤回到骨盆入口之前时，摸到整个子宫大如排球，偶尔可触及胎儿和孕角卵巢。空角卵巢仍然能摸到。

4.3.6 5个月：子宫全部沉入腹腔。在耻骨前缘稍下方可以摸到子宫颈。胎盘突更大。可以摸到胎儿。

4.3.7 6个月：胎儿已经很大。子宫沉到腹底，仅在胃肠充满时，才能触及胎儿。胎盘突有鸽蛋样大小，孕角侧子宫动脉粗大，孕脉比较明显；空角侧子宫动脉出现微弱孕脉。

4.3.8 7个月：胎儿更大，容易摸到，胎盘突更大。两侧子宫动脉均有明显的孕脉，空角侧较弱。孕角侧阴道动脉子宫支开始出现孕脉。

4.3.9 8个月：子宫颈回到内盆前缘或骨盆腔内，容易触及胎儿。胎盘突大如鸭蛋。两侧子宫动脉孕脉显著，孕角侧阴道动脉子宫支的孕脉已清楚。

4.3.10 9个月：胎儿的前置部分进入骨盆入口。所有的子宫动脉均有显著孕脉，手一伸入肛门，可感到孕脉颤动。

———————————

ICS 65.020.30

B 40

DB1505

通 辽 市 农 业 地 方 标 准

DB 1505/T 075—2014

牛冷冻精液人工授精站技术规范

2014—05—20 发布　　　　　　　　　　　　　　2014—06—10 实施

通 辽 市 质 量 技 术 监 督 局　发布

前 言

本标准由通辽市农牧业局和通辽市质量技术监督局提出。

本标准由通辽市农牧业局归口。

本标准起草单位：通辽市畜牧兽医科学研究所。

本标准主要起草人：李良臣、高丽娟、贾伟星、赵澈勒格日、于君、七叶。

牛冷冻精液人工授精站技术规范

1 范 围

本标准规定了通辽地区牛冷冻精液人工授精站（点）的选址、仪器设备、人员、技术要求。

本标准适用于通辽地区牛冷冻精液人工授精站（点）。

2 规范性引用文件

下列文件对于本文件的应用是必不可少的。凡是注日期的引用文件，仅所注日期的版本适用于本文件。凡是不注日期的引用文件，其最新版本（包括所有的修改单）适用于本文件。

GB 4143 牛冷冻精液

NY/T 682 畜禽场场区设计技术规范

DB 1505/T 067 牛冷冻精液人工授精技术规程

3 术语和定义

牛冷冻精液人工授精站（点）

具有配种室、配种器材、技术人员以及完整的配种记录的牛配种场所。

4 基本要求

4.1 选 址

执行 NY/T 682。

4.2 设 施

操作室不小于 15 m²，地面易清洗，安装不透光的窗帘，配备电源，设工作台、水池。室外设置保定架。

4.3 仪器设备

仪器设备及生产用品配置见表1。

4.4 人 员

技术人员必须经过县级专业技术部门培训并取得执业资格证书。

5 技术要求

5.1 牛冷冻精液

执行 GB 4143。

5.2 发情母牛

健康、繁殖机能正常的适龄母牛。

5.3 人工授精

执行 DB 1505/T 067。

6 记 录

包括公牛号、冷冻精液信息、母牛号、母牛发情时间、输精时间、预产期等信息。

7 牛冷冻精液人工授精站（点）仪器设备及生产用品配置

牛冷冻精液人工授精站（点）仪器设备及生产用品配置见表1。

表 1　牛冷冻精液人工授精站（点）仪器设备及生产用品配置

名　称	规格及用途
液氮罐	10 升或 30 升贮精罐
生物显微镜	40～60X；观测精子活力、密度等
显微镜擦镜纸	擦镜头
恒温水浴锅	数控式控温，控温精度 ±10℃
细管输精器	授精
一次性连体防护服	操作服
一次性输精手套	授精
一次性输精外套管	授精
医用镊子、细管剪刀、盖玻片、载玻片、医用酒精、脱脂棉、医用托盘、温度计、医用纱布、生理盐水、操作台、牛用保定架	

ICS 65.020.30

B 40

DB1505

通 辽 市 农 业 地 方 标 准

DB 1505/T 076—2014

牛舍环境质量控制

2014—05—20发布   2014—06—10实施

通 辽 市 质 量 技 术 监 督 局   发 布

前　言

本标准由通辽市农牧业局和通辽市质量技术监督局提出。

本标准由通辽市农牧业局归口。

本标准起草单位：通辽市畜牧兽医科学研究所。

本标准主要起草人：张延和、李良臣、贾伟星、高丽娟、萨日娜、刘国君。

牛舍环境质量控制

1 范　围

本标准规定了牛舍环境、空气、饮水质量及卫生指标和相应的控制措施、防疫要求、环境监测与评价原则。

本标准适用于通辽地区养牛场（户）。

2 规范性引用文件

下列文件对于本文件的应用是必不可少的。凡是注日期的引用文件，仅所注日期的版本适用于本文件。凡是不注日期的引用文件，其最新版本（包括所有的修改单）适用于本文件。

GB/T 5750.4 生活饮用水卫生标准检验方法 感官性状和一般化学指标

GB/T 5750.5 生活饮用水卫生标准检验方法 非金属指标

GB/T 5750.6 生活饮用水卫生标准检验方法 金属指标

GB/T 5750.12 生活饮用水卫生标准检验方法 生物指标

GB/T 11060.1 天然气含硫化合物的测定 第一部分：用碘量法测定硫化氢标准

GB/T 14623 城市区域环境噪声测量方法

GB/T 14668 空气质量 氨的测定 纳氏试剂比色法

GB/T 14675 空气质量 恶臭的测定 三点比较式臭袋法

GB/T 15432 环境空气 总悬浮颗粒物的测定 重量法

GB/T 16548 病害动物和病害动物产品生物安全处理规程

GB 18596 畜禽养殖业污染物排放标准

GB/T 19525.2 畜禽场环境质量评价总则

NY/T 682 畜禽场场区设计技术规范

NY/T 1168 畜禽粪便无害化处理技术规范

DB 1505/T 065 科尔沁肉牛兽医防疫准则

DB 1505/T 066 科尔沁肉牛用药准则

国家环保总局《水和废水监测分析方法》二氧化碳的测定法

3 术语和定义

下列术语和定义适用于本标准。

3.1 环境质量及卫生控制

为达到环境质量及卫生要求所采取的作业技术和活动。

3.2 恶 臭

指一切刺激嗅觉器官，引起人们不愉快及损害生活环境的气体物质。

3.3 舍 区

牛直接的生活环境区。

3.4 粉 尘

粒径小于 75 μm、能悬浮在空气中的固体微粒。

4 牛场选址和场区布局

执行 NY/T 682。

5 牛舍环境质量控制

5.1 环境质量

牛舍环境质量指标见表 1。

表 1 牛舍环境质量指标

项 目	单 位	指 标
温度	℃	10 ～ 15
湿度	%	60 ～ 70
通风	m/s	1.0
照度	Lx	50
细菌	个 /m³	≤ 25 000
噪声	dB	≤ 75
粪便含水量	%	65 ～ 75
粪便清理	—	日清粪

5.2 控制措施

5.2.1 温度、湿度

全封闭式、半封闭式牛舍，都须保证牛舍的保温隔热性能，合理设置通风、采光等调控温度和湿度的设施。

5.2.2 通 风

采用自然通风或自动排风。

5.2.3 采 光

通过窗户采光和人工照明控制。

5.2.4 噪 声

5.2.4.1 避免外界噪声干扰。

5.2.4.2 选择、使用性能优良、噪声小的机械设备。

5.2.4.3 在场区、缓冲区植树种草，降低外界噪声传入。

5.2.5 病原微生物控制

5.2.5.1 远离污染源。

5.2.5.2 在牛舍门口设置消毒池，工作人员进入牛舍时必须穿戴消毒过的工作服、鞋、帽等。

5.2.5.3 对用具、舍区、场区环境定期清洁、杀虫、灭鼠及消毒，消毒用药符合 DB1505/T 066 规定。

5.2.5.4 对粪尿无害化处理执行 NY/T 1168，处理后符合 GB 18596 要求。

5.2.5.5 病死牛处理执行 GB 16548。

6 牛舍空气质量控制

6.1 牛舍空气质量

牛舍空气质量指标见表 2。

表 2 牛舍空气质量指标

项 目	单 位	指 标
氨气	mg/m³	≤ 18
硫化氢	mg/m³	≤ 8
二氧化碳	mg/m³	≤ 1500
粉尘	mg/m³	≤ 2
恶臭	稀释倍数	65

6.2 控制措施

6.2.1 舍内氨气、硫化氢、二氧化碳、恶臭的控制

6.2.1.1 配制饲料时，调整氨基酸等营养物质的平衡，提高饲料利用率，减少粪尿中氨氮化合物、含硫化合物等恶臭气体的产生和排放；合理调整日粮中粗纤维的水平，控制吲哚和粪臭素的产生。

6.2.1.2 提倡在饲料中使用微生态制剂以减少粪便恶臭气体的产生。

6.2.1.3 牛舍内的粪便、污物及污水应及时清理，减少存放过程中恶臭气体的产生和排放。

6.2.2 总悬浮颗粒物、可吸入颗粒物的控制

6.2.2.1 提倡使用湿拌料。

6.2.2.2 禁止带牛干扫牛舍。

7 饮用水质量控制

7.1 饮用水质量指标

牛饮用水质量指标见表 3。

表 3　牛饮用水质量指标

项　目		指　标
感官性状及一般化学指标	色	≤ 15°
	混浊度	≤ 3°
	臭和味	不得有异臭、异味
	总硬度（以 CaCO$_3$ 计），mg/L	≤ 400
	pH 值	6.5 ～ 8.5
	溶解性总固体，mg/L	≤ 1 000
	硫酸盐（以 SO$_4^{2-}$ 计），mg/L	≤ 250
细菌学指标	总大肠杆菌群，个 /L	< 3
毒理学指标	氟化物（以 F 计），mg/L	≤ 1
	氰化物，mg/L	≤ 0.05
	砷，mg/L	≤ 0.01
	汞，mg/L	≤ 0.001
	铅，mg/L	≤ 0.01

项　目		指　标
毒理学指标	铬，mg/L	≤ 0.05
	硒，mg/L	≤ 0.01
	锌，mg/L	≤ 1
	铜，mg/L	≤ 1
	镉，mg/L	≤ 0.005
	硝酸盐（以 N 计），mg/L	≤ 20

7.2　控制措施

定期清洗自来水管道，保证水质输送途中无污染。

8　防疫要求

执行 DB 1505/T 065。

9　监测与评价

9.1　监测分析方法

9.1.1　噪声测定执行 GB/T 14623。

9.1.2　氨气测定执行 GB/T 14668。

9.1.3　硫化氢测定执行 GB/T 11060.1。

9.1.4　二氧化碳测定执行国家环保总局《水和废水监测分析方法》。

9.1.5　恶臭测定执行 GB/T 14675。

9.1.6　粉尘测定执行 GB/T 15432。

9.1.7　空气、水中细菌总数、总大肠菌群测定执行 GB/T 5750.12。

9.1.8　色、浑浊度、臭和味、总硬度、溶解性总固体、pH 值得测定执行 GB/T 5750.4。

9.1.9　硫酸盐、硝酸盐、氟化物、氰化物的测定执行 GB/T 5750.5。

9.1.10　汞、砷、铅、镉、六价铬、硒、铜、锌测定执行 GB/T 5750.6。

9.2　环境质量、环境影响评价

按 GB/T 19525.2 的要求，根据监测结果，对牛场的环境质量、环境影响进行评价。

ICS 65.020.30

B 45

DB1505

通 辽 市 农 业 地 方 标 准

DB 1505/T 077—2014

供港澳活牛

2014—05—20 发布　　　　　　　　　　　　2014—06—10 实施

通 辽 市 质 量 技 术 监 督 局　 发 布

前　言

本标准由通辽市农牧业局和通辽市质量技术监督局提出。

本标准由通辽市农牧业局归口。

本标准起草单位：通辽市畜牧兽医科学研究所。

本标准主要起草人：郭煜、李良臣、贾伟星、高丽娟、布和巴特尔。

供港澳活牛

1 范　围

本标准规定了供港澳活牛的生产、运输及投入品要求。

本标准适用于通辽地区供港澳活牛生产、运输。

2 规范性引用文件

下列文件对于本文件的应用是必不可少的。凡是注日期的引用文件，仅所注日期的版本适用于本文件。凡是不注日期的引用文件，其最新版本（包括所有的修改单）适用于本文件。

GB 5749　生活饮用水卫生标准

GB 13078　饲料卫生标准

GB 16549　畜禽产地检疫规范

GB 16567　种畜禽调运检疫技术规范

NY/T 471　绿色食品　畜禽饲料及饲料添加剂使用准则

NY/T 815　肉牛饲养标准

NY/T 1339　肉牛育肥良好管理规范

DB 1505/T 072　科尔沁肉牛品种要求

DB 1505/T 064　科尔沁肉牛育肥技术规范

DB 1505/T 065　科尔沁肉牛兽医防疫准则

DB 1505/T 066　育肥牛用药准则

DB 1505/T 080　青干草加工调制技术规程

DB 1505/T 062　青贮玉米生产技术规程

DB 1505/T 063　玉米秸秆黄贮技术规程

DB 1505/T 081　科尔沁肉牛饲料原料　玉米

《供港澳活牛检验检疫管理办法》（中华人民共和国国家出入境检验检疫局令自 2000 年 1 月 1 日起施行）

《饲料和饲料添加剂管理条例》

3 术语和定义

下列术语和定义适用于本标准。

3.1 供港澳活牛

符合香港和澳门市场质量要求的育肥牛。

3.2 供港澳活牛育肥场

将架子牛育肥成符合香港和澳门市场质量要求的饲养场。

3.3 供港澳活牛中转仓

专门用于将供港澳活牛从注册育肥场输往港澳途中暂时存放的场所,包括在起运地的中转仓和出境口岸的中转仓。

4 要 求

4.1 品 种

执行 DB 1505/T 072。

4.2 卫生防疫

执行 DB 1505/T 065。

4.3 营养需要

按 NY/T 815 规定执行。

4.4 饲养管理

执行 NY/T 1339、DB 1505/T 064。

4.5 检验检疫

执行《供港澳活牛检验检疫管理办法》。

4.6 育肥牛指标

月龄:24 月龄以内;体重:550～650kg;性别:公牛或阉牛。

4.7 注 册

供港澳活牛育肥场、中转仓须注册。注册及编号、耳牌流水号按《供港澳活牛检验检疫管理办法》执行。

5 运　输

5.1　产地检疫证明

执行 GB 16549。

5.2　目的地检疫

检疫项目和程序执行 GB 16567。

5.3　运输专用车辆

执行《供港澳活牛检验检疫管理办法》。

6　投入品

6.1　粗饲料

产自通辽地区的青干草、农作物秸秆及青黄贮等，执行 DB 1505/T 080、DB 1505/T 062、DB 1505/T 063。

6.2　饲　料

饲料原料、配合饲料执行 GB 13078、DB 1505/T 081。

6.3　饲料添加剂

执行 GB 13078、NY/T 471、《饲料和饲料添加剂管理条例》。

6.4　疫病防控及兽药疫苗使用

执行 DB 1505/T 065、DB 1505/T 066。

6.5　饮用水

执行 GB 5749。

ICS 65.020.30

B 40

DB1505

通 辽 市 农 业 地 方 标 准

DB 1505/T 078—2014

紫花苜蓿生产技术规程

2014—05—20 发布　　　　　　　　　　2014—06—10 实施

通 辽 市 质 量 技 术 监 督 局　发 布

前　言

本标准由通辽市农牧业局和通辽市质量技术监督局提出。

本标准由通辽市农牧业局归口。

本标准起草单位：通辽市畜牧兽医科学研究所。

本标准主要起草人：张军、杨晓松、高丽娟、李良臣、贾伟星、郭立光。

紫花苜蓿生产技术规程

1 范　围

本标准规定了紫花苜蓿生产的环境条件、播种、田间管理、病虫害防治、收获和加工等要求。

本标准适用于通辽地区紫花苜蓿生产。

2 规范性引用文件

下列文件对于本文件的应用是必不可少的。凡是注日期的引用文件，仅所注日期的版本适用于本文件。凡是不注日期的引用文件，其最新版本（包括所有的修改单）适用于本文件。

GB/T 2930　牧草种子检验规程

GB 3095　环境空气质量标准

GB 5084　农田灌溉水质标准

GB 6141　豆科草种子质量分级

GB 15618　土壤环境质量标准

GB 19630　有机产品 第一部分：生产

DB 1505/T 080　青干草加工调制技术规程

3 术语和定义

3.1 土壤孔隙度

土壤孔隙占土壤总体积的百分比。

3.2 秋眠性

苜蓿在秋季因日照长度变短和气温下降时的一种适应性生长特性，这种生长特性与植物的抗寒性和生产性能相关。

4 生产环境

紫花苜蓿种植的土壤、环境空气符合 GB 15618、GB 3095 要求。

5 播前准备

5.1 种子的选择与处理

5.1.1 品　种

选择秋眠级为 1 级或 2 级的抗旱、抗风沙、耐盐碱、耐瘠薄的品种。

5.1.2 种子质量

检验执行 GB/T 2930，选择净度、发芽率符合 GB 6141 三级以上要求。

通辽地区应选择的苜蓿品种有草原 1 号、2 号、公农 1 号、2 号和敖汉苜蓿等。

5.1.3 种子处理

播种前种子在阳光下晒 2 ～ 3 d，未种过紫花苜蓿的田地应接种根瘤菌，按每千克种子用 8 ～ 10 g 根瘤菌剂拌种。

5.2 整地与施基肥

5.2.1 整　地

播种前将地块整平整细，使土壤颗粒细匀，孔隙度适宜。耕翻深度为 25 ～ 30 cm，翻地后，用旋耕机搅匀。

5.2.2 基　肥

视土壤肥力情况施基肥，在中等地力条件下，施磷肥（五氧化二磷）225.00 ～ 300.00 kg/hm² （折合磷酸二铵 500.00 ～ 666.67 kg/hm²）；氮（N）18.40 ～ 23.00 kg/hm² （折合尿素 40.00 ～ 50.00 kg/hm²）；钾肥（氧化钾）75.00 ～ 112.50 kg/hm²（折合硫酸钾 150.00 ～ 225.00 kg/hm²）。

6 播　种

6.1 播种期

5 ～ 7 月上旬。

6.2 播种方式

机械条播，行距为 12 ～ 20 cm。

6.3 播种量

根据土壤条件和种子的纯净度、发芽率决定播种量。一般情况下，播种量为 （15.00 ～ 25.00）kg/ hm²。

$$实际播种量（kg/hm^2）= \frac{种子用价为 100\% 的播量}{种子发芽率（\%）\times 种子净度（\%）}$$

6.4 播种深度

以 1.0 ～ 2.0 cm 为宜。

7 田间管理

7.1 施 肥

播种当年不追肥，第二年返青前追肥，以磷钾肥为主。施磷肥（五氧化二磷）112.50 ～ 126.00 kg/hm²（折合磷酸二铵 250.00 ～ 280 kg/hm²），钾肥（氧化钾）75.0 ～ 112.50 kg/hm²（折合硫酸钾 150.00 ～ 225.00 kg/hm²）。结合灌溉进行。

7.2 灌 溉

灌溉水执行 GB 5084。

苗期 0 ～ 20 cm 土层含水量低于田间持水量 70% 时应进行灌溉保苗。每次刈割后视土壤墒情进行灌水。封冬前浇一次透水，返青期浅浇一次。

8 虫害防治

执行 GB 19630。

9 收 获

9.1 刈 割

9.1.1 刈割时间、次数

播种当年视苜蓿生育状况刈割 1 次或不刈割，第二年后每年刈割 2 ～ 3 次。

9.1.2 留茬高度

最后一次刈割留茬高度 7 ～ 9 cm，其它次刈割留茬高度 5 ～ 6 cm。

9.2 鲜草利用

9.2.1 存 放

应现割现喂。刈割的紫花苜蓿，分散存放，注意保鲜，防止发霉。

9.2.2 饲 喂

控制饲喂，过量采食易发生瘤胃鼓胀病。

10　干草加工调制

执行 DB 1505/T 080。

ICS 65.020.30

B 40

DB1505

通 辽 市 农 业 地 方 标 准

DB 1505/T 079—2014

沙打旺生产及加工调制技术规程

2014—05—20 发布　　　　　　　　　　　　　　2014—06—10 实施

通 辽 市 质 量 技 术 监 督 局　发 布

前　言

本标准由通辽市农牧业局和通辽市质量技术监督局提出。

本标准由通辽市农牧业局归口。

本标准起草单位：通辽市畜牧兽医科学研究所。

本标准主要起草人：杨晓松、斯日古楞、高丽娟、张军、贾伟星。

沙打旺生产及加工调制技术规程

1 范　围

本标准规定了沙打旺栽培、利用、加工调制技术及品质等级。

本标准适用于通辽地区沙打旺的生产及加工调制。

2 规范性引用文件

下列文件对于本文件的应用是必不可少的。凡是注日期的引用文件，仅所注日期的版本适用于本文件。凡是不注日期的引用文件，其最新版本（包括所有的修改单）适用于本文件。

GB/T 2930　牧草种子检验规程

GB 6141　豆科草种子质量分级

GB/T 19630　有机产品 第一部分：生产

NY/T 391　绿色食品 产地环境质量

DB 15/T 205—1993　早熟沙打旺

DB 1505/T 062　青贮玉米生产技术规程

DB 1505/T 080　青干草加工调制技术规程

3 术语和定义

下列术语和定义适用于本标准。

3.1 调　制

为了加速割后牧草的水分蒸发，对割后牧草进行机械作用的过程。

3.2 现蕾期

豆科及杂类草 50% 形成花苞之时叫现蕾期。

3.3 留茬高度

收割牧草时，平地面至刈割处留下的高度称留茬高度。

3.4 有机肥料

主要来源于植物和（或）动物、施于土壤以提供植物营养为其主要功效的含碳物料。

3.5 磷 肥

具有磷（P_2O_5）标明量，以提供植物磷养分为其主要功效的单一肥料。

3.6 刈割期

刈割绿肥作物鲜草的时间。

3.7 切 碎

将饲料原料切割成要求尺寸的作业。

3.8 打 浆

在打浆机内浆料受到的机械作用。

3.9 混合青贮

将两种或两种以上的青贮原料混合后进行青贮。

3.10 青干草粉

将适时刈割的牧草经快速干燥后，粉碎而成的青绿状草粉。

4 栽培技术

4.1 种 子

4.1.1 发芽试验

执行 GB/T 2930。

4.1.2 种子质量

执行 GB 6141。

4.1.3 种子处理

执行 DB 15/T 205 中 5.2.2 条。

4.2 土地选择

土壤肥力Ⅱ级以上。土壤肥力评价符合 NY/T 391 要求。

4.3　整地与施基肥

4.3.1　整　地

执行 DB 15/T 205 中 5.1 条。

4.3.2　基　肥

施有机肥料 20 ～ 30 t/hm² 和磷肥 100 ～ 150 kg/hm² 或者尿素 37.5 kg/hm²、复合肥 255 ～ 300 kg/hm²。

4.4　播　种

4.4.1　播种期

5 月～ 7 月上旬。

4.4.2　播种量

条播理论播种量为 3.75 ～ 7.50 kg/hm²。

$$实际播种量（kg/hm^2）= \frac{理论播种量（kg/hm^2）}{种子发芽率（\%）\times 种子净度（\%）}$$

4.4.3　播种深度及行距

执行 DB 15/T 205 中 5.2.5 条。

4.5　田间管理

4.5.1　铲草、耥地、灌溉、追肥

执行 DB 15/T 205 中 5.3 条。

4.5.2　病虫害防治

执行 GB 19630。

5　利　用

播种当年不宜利用。在现蕾期前或现蕾期刈割，二年后每年刈割两次，留茬高度 5 ～ 10 cm。

6　沙打旺加工调制技术

6.1　打　浆

现蕾期之前刈割，按鲜草的重量 1 ∶ 1 加水，打浆。

6.2 切 碎

现蕾期刈割切碎，长 3 cm。

6.3 青干草粉加工

6.3.1 沙打旺青干草含水量为 15% 以下，用粉碎机加工成草粉。筛孔径 3 mm。

6.3.2 青干草符合 DB 1505/T 080 的要求。

6.4 感官评价

6.4.1 形 状
粉末状、未结块。

6.4.2 色 泽
暗绿色、绿色或淡绿色。

6.4.3 气 味
有草香味、无异味、无霉味。

6.4.4 贮 藏
贮藏在干燥、避光、通风良好、无鼠害的仓库内，避免雨淋及污染。

7 注意事项

鲜草饲喂应与其他饲草相搭配。

不宜单独青贮。

8 混合青贮技术

8.1 现蕾期刈割

切碎长度 2 ～ 3 cm。与禾本科饲料作物混合青贮，比例 1 ：1。

8.2 青贮方法

执行 DB 1505/T 062。

8.3 感官评价

感官品质等级符合表 1 的要求。

表 1　混合青贮感官品质分级及指标表

项　目	质量等级		
	优	中	劣
色　泽	绿色或黄绿色	黄褐色或暗褐色	黑褐色
气　味	浓郁酒香味	稍有酒味	有臭味
质　地	柔软，疏松稍湿润	柔软稍干	干松散或结成黏
pH 值	<4.6	4.6～4.7	>4.7
氨态氮（%）	<6.9	6.9～8.9	>8.9
乳酸（%）	>2.9	1.3～2.9	<1.3

ICS 65.020.30

B 40

DB1505

通 辽 市 农 业 地 方 标 准

DB 1505/T 080—2014

青干草加工调制技术规程

2014—05—20发布　　　　　　　　　　　　　2014—06—10实施

通 辽 市 质 量 技 术 监 督 局　　发 布

前　言

本标准由通辽市农牧业局和通辽市质量技术监督局提出。

本标准由通辽市农牧业局归口。

本标准起草单位：通辽市畜牧兽医科学研究所。

本标准主要起草人：呼和、韩润英、王占奇、贾伟星、高丽娟、斯日古楞。

青干草加工调制技术规程

1 范　围

本标准规定了青干草加工调制、贮藏、品质评价和检验及饲料卫生检验等基本要求。本标准适用于通辽地区青干草生产。

2 规范性引用文件

下列文件对于本文件的应用是必不可少的。凡是注日期的引用文件，仅所注日期的版本适用于本文件。凡是不注日期的引用文件，其最新版本（包括所有的修改单）适用于本文件。

NY/T 1178 牧区牛羊棚圈建设技术规范

3 术语和定义

下列术语和定义适用于本标准。

青干草

将牧草、细茎饲料作物及其他饲用植物在量质兼优时期刈割，经自然或人工干燥调制而成的能够长期贮存的青绿饲草。

4 天然青干草加工调制

4.1 原料收割

天然打草场，应以草群中主要牧草（优势种）的最适刈割期为准。禾本科牧草从孕穗到开花期收割，豆科牧草从现蕾期到开花期收割。

4.2 干　燥

4.2.1 自然干燥

刈割后，选择地势高处将青草摊开自然晾晒，防止雨淋，使含水量降为 15% ～ 18%。

4.2.2 压裂草茎干燥

刈割当天，利用牧草茎秆压裂机将豆科牧草以及比较粗壮的茎秆牧草压裂、压扁，然后自然干燥，使牧草的含水量降至 15% ～ 18%。

5 贮藏技术

5.1 散干草露天堆藏

5.1.1 选　址

选择地势平坦高燥、排水良好，背风和取用方便的地方，垛底要有防潮垫石或垫木，高出地面 40～50 cm，在垛底四周挖 20～30 cm 深的排水沟。

5.1.2 压　紧

堆垛中间应踏实，四周边缘整齐，垛型上宽下窄，顶部中间隆起。

5.1.3 堆　垛

如有含水量偏高的青干草，应堆在草垛上部。

5.1.4 收　顶

从草垛高度 2/3 处开始收顶，从垛底到收顶应逐渐放宽 1 m 左右。

5.1.5 连续作业

一个草垛应尽快完成堆藏，连续堆垛。

5.2 压捆青干草露天贮藏

选择地势高燥、排水良好的地方，垛底要有防潮垫木或垫石，在垛的四周挖 20～30 cm 深的排水沟。草捆垛的大小可根据储草场面积和草捆数量确定，一般长 20 m，宽 5～6 m，高 18～20 层干草捆，每层布设通风道。

5.3 草库贮藏

按 NY/T 1178 规定执行。

6 品质评价

6.1 水　分

6.1.1 仪器测定

将水分测定仪的探头插入草垛或草捆内部的不同部位，测得含水量平均值。

6.1.2 感官评定

15%～18% 以下含水量：紧握或揉搓时，发出沙沙响声，易于折断，手触干草有温暖感，搓卷干草成辫条后松手即可迅速散开。

6.2　颜　色

优质干草呈绿色，绿色越深，营养物质损失越小。

6.3　气　味

具有草香味。

6.4　叶　量

青干草的叶量越多，品质越好。

6.5　牧草组分

豆科和优质禾本科牧草所占比例高于60%时，组分优良，比例越高，品质越好。无沙土，有毒有害植物含量不能超过干草总重量的1%。

6.6　病虫害感染情况

不能含有病虫害感染的植物。

7　注意事项

7.1　贮　藏

注意防火、防漏、防风雪、防潮、防人为破坏，防止老鼠类动物的破坏和污染。定期检查，测定草垛温度、湿度，发现问题，及时处理。

7.2　使　用

7.2.1　散干草垛从一侧自下而上取用。

7.2.2　发霉变质的青干草不能饲喂家畜。

ICS 65.020.30

B 40

DB1505

通 辽 市 农 业 地 方 标 准

DB 1505/T 081—2014

科尔沁肉牛饲料原料 玉米

2014—05—20 发布   2014—06—10 实施

通 辽 市 质 量 技 术 监 督 局   发布

前　言

本标准由通辽市农牧业局和通辽市质量技术监督局提出。

本标准由通辽市农牧业局归口。

本标准起草单位：通辽市畜牧兽医科学研究所。

本标准主要起草人：斯日古楞、高丽娟、李良臣、林晓春、贾伟星。

科尔沁肉牛饲料原料 玉米

1 范 围

本标准规定了饲料用玉米质量指标、抽样、检验方法、检验规则、包装、运输和贮存等要求。

本标准适用于通辽地区科尔沁肉牛饲料用玉米。

2 规范性引用文件

下列文件对于本文件的应用是必不可少的。凡是注日期的引用文件，仅所注日期的版本适用于本文件。凡是不注日期的引用文件，其最新版本（包括所有的修改单）适用于本文件。

GB 1353 玉米

GB/T 6433 饲料中粗脂肪测定方法

GB/T 6435 饲料中水分和其他挥发性物质含量的测定

GB/T 17890 饲料用玉米

GB/T 25219 粮油检验 玉米淀粉含量测定 近红外法

3 质量要求

质量要求见表1。

表1 饲料用玉米质量指标

色泽、气味	杂质含量/%	生霉粒/%	不完善粒/%	水分含量/%	籽粒容重 g/L	籽粒淀粉含量（干基）/%	籽粒粗蛋白含量（干基）/%	籽粒粗脂肪含量（干基）/%
正常	≤ 1.0	≤ 2.0	≤ 6.5	≤ 14.0	≥ 685	≥ 69	≥ 8.0	≥ 3.0

4 抽 样

执行 GB 1353。

5 检验方法

5.1 色泽、气味、容重、不完善粒、杂质测定执行 GB 1353。

5.2　水分测定执行 GB/T 6435。

5.3　粗蛋白质测定执行 GB/T 6435。

5.4　淀粉测定执行 GB/T 25219。

5.5　脂肪测定执行 GB/T 6433。

6　检验规则、包装、运输和贮存

符合 GB 1353 的要求。

ICS 65.020.30

B 40

DB1505

通 辽 市 农 业 地 方 标 准

DB 1505/T 082—2014

种公牛站技术规范

2014—05—20发布   2014—06—10实施

通 辽 市 质 量 技 术 监 督 局   发 布

前　言

本标准由通辽市农牧业局和通辽市质量技术监督局提出。

本标准由通辽市农牧业局归口。

本标准起草单位：通辽市畜牧兽医科学研究所。

本标准主要起草人：王维、郭煜、李津、高丽娟、贾伟星。

种公牛站技术规范

1 范　围

本标准规定了种公牛站建设、种牛培育、饲养管理、冻精生产、卫生防疫、档案记录等要求。

本标准适用于通辽地区经国家农业部审批的种公牛站。

2 规范性引用文件

下列文件对于本文件的应用是必不可少的。凡是注日期的引用文件，仅所注日期的版本适用于本文件。凡是不注日期的引用文件，其最新版本（包括所有的修改单）适用于本文件。

GB/T 2828 计数抽样检验程序 第1部分：按接收质量限（AQL）检索的逐批检验抽样计划

NYJ/T 01-2005 种牛场的建设标准

NY/T 1446 种公牛饲养管理技术规程

NY/T 815 肉牛饲养标准

NY/T 1234 牛冷冻精液生产技术规程

DB 1505/T 065 科尔沁肉牛兽医防疫准则

DB 1505/T 066 科尔沁肉牛用药准则

DB 1505/T 084 牛胚胎移植技术规程

DB 1505/T 076 牛舍环境质量控制

中华人民共和国畜牧法

中华人民共和国农业部 家畜遗传材料生产许可办法

中华人民共和国农业部 肉用种牛及冷冻精液和胚胎进口技术要求（试行）

中华人民共和国农业部 畜禽标识和养殖档案管理办法

中华人民共和国农业部 肉用种公牛生产性能测定实施方案

中华人民共和国农业部 乳用种公牛生产性能测定实施方案

3 术语与定义

下列术语和定义适用于本标准。

3.1 种公牛站

指专门从事良种肉用、乳用及兼用种公牛的引进和培育，冷冻精液生产与推广的企业。

3.2 种 牛

指品种或类群内血统清楚，遗传稳定，体型外貌一致，品种特征明显，生产性能优良，并且用于纯种繁殖的公母牛。

3.3 种公牛

经农业部鉴定，种用价值合格并列入国家正式名录的公牛。

3.4 引 种

指由外地或国外引进优秀种牛或遗传材料。

3.5 性能测定

根据育种方案，对个体进行体型外貌、生长发育、繁殖和生产性能等进行测量、数据采集、分析和评价。

3.6 选 择

指利用牛群内个体差异和微小的不定变异，有目的增加群体有益基因频率的育种方法。

3.7 冷冻精液

指利用器械以人工方法采集种公牛精液，经过检查、稀释、平衡并利用液氮冷冻、保存。

3.8 标 识

种牛标识是指耳牌（耳标）及其代表个体名称的编号。

冷冻精液标识指用于符合国家标准规定的识别产品的种牛标识、品种、生产日期、生产厂家各种表示的编号。

4 种公牛站建设

4.1 生产经营许可

种公牛站必须依据《中华人民共和国畜牧法》和《家畜遗传材料生产许可办法》要求申请办理《家畜遗传材料生产许可证》。

4.2 选址与布局

符合 NYJ/T 01 要求。

4.3 主要建设内容

4.3.1 饲养区：种牛舍、草料加工贮运厂、运动场、隔离场、粪污处理场。种公牛舍要求一牛一栏。

4.3.2 冻精生产区：采精厅、冻精室、质检室、冻精贮存库、冻精和胚胎隔离室等。冻精室要求器皿洗涤消毒室、假阴道处理室、稀释液配剂室和冷冻室分开。

4.3.3 防疫设施：种公牛实行封闭式饲养，进出口要设置车辆和人员消毒设施。有更衣室、消毒池、喷雾消毒、紫外线灯、洗手盆等设施并依次实施消毒处理。场区周围设防疫带，场内净道与污道分开，牛舍墙面、地面便于清洁卫生。

5 种牛培育

5.1 引　种

5.1.1 从境外引进的种公牛、母牛、冷冻精液和冷冻胚胎，应符合品种的种用要求。应具有出口国家或者地区法定机构出具的完整系谱、群体平均生产性能和遗传评定结果等资料。

5.1.2 引进的验证公牛、青年公牛、冷冻精液、冷冻胚胎应符合《肉用种牛及冷冻精液和胚胎进口技术要求（试行）》要求。

5.1.3 种公牛要在进口国隔离饲养并经我国检疫部门检疫。入境后必须在指定的隔离场饲养 45 d。检疫合格方可进站。

5.2 自主培育种公牛

5.2.1 组建育种核心群

种公牛站应组建育种核心群，制订详细的育种方案和技术路线，自主培育一定数量和比例的种公牛。

5.2.2 繁育措施

种公牛站可采取胚胎移植、冷冻精液人工授精等生物技术手段繁育种公牛。

6 品种选择

种公牛站饲养的种公牛品种应符合国家和地方牛产业发展规划。

7 种公牛选择

7.1 符合本品种特征，综合评定等级一级以上。肢蹄、阴茎和睾丸发育良好。

7.2 新增种公牛须向省级畜牧主管部门和农业部畜牧总站提出申报，由农业部畜牧总站组织专家进行外貌鉴定和综合评定，获得农业部公布 CBI 指数合格的种公牛可进行冷冻精液生产。

7.3 性能测定

执行农业部《肉用种公牛生产性能测定实施方案》《乳用种公牛生产性能测定实施方案》。

7.4 后裔测定

7.4.1 同期同龄比较法：将种公牛的女儿与其他公牛同期同龄女儿作对比，估测种公牛育种值。

7.4.2 全基因组选择法：结合常规遗传评估技术，利用分子育种技术，开展全基因组选择。

8 种公牛档案

8.1 要求和内容

8.1.1 要求档案资料实时、准确、完整。

育种记录：包括牛的品种、产地、出生、标识、谱系等记录。兼用牛谱系记录中要有母亲产奶记录、产犊难易度。

8.1.2 生产记录：包括个体生长发育、转群、采精和冻精生产记录。

8.1.3 冻精质量检测结果、报告等记录。

8.1.4 冻精销售记录。

8.1.5 饲料及各种添加剂来源、配方及饲料消耗记录。

8.1.6 防疫、检疫、发病、用药和治疗情况记录。

8.2 耳号编制要求

按照《畜禽标识和养殖档案管理办法》进行标识和档案管理，所有标识和记录应准确、可靠、完整。标识编号方法：

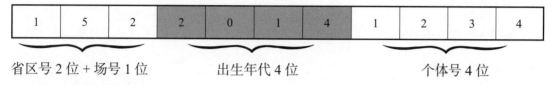

| 1 | 5 | 2 | 2 | 0 | 1 | 4 | 1 | 2 | 3 | 4 |

省区号 2 位 + 场号 1 位　　　　出生年代 4 位　　　　　个体号 4 位

9　种牛饲养与管理

9.1　公牛饲养阶段的划分

9.1.1　犊牛：出生至 6 月龄；

9.1.2　后备牛：7 ～ 24 月龄，其中，育成期：7 ～ 17 月龄；青年期：18 ～ 24 月龄；

9.1.3　成年牛：24 月龄以上。

9.2　营养与饲养管理

执行 NY/T 815 和 NY/T 1446。根据牛群体况和生产状况可对标准做适当增减。

9.3　环境应激控制

9.3.1　种公牛舍的温湿度

适宜温度 -10 ～ 25℃，适宜湿度 50% ～ 75%。

9.3.2　有害气体的控制

牛舍有害气体控制执行 DB1505/T 076。

10　防　疫

免疫接种、清洁卫生和消毒杀虫灭鼠、疫病诊断控制和扑灭、疫病监测、检疫等执行 DB 1505/T 065、DB 1505/T 066。

11　冷冻精液生产

11.1　冷冻精液制作

执行 NY/T 1234 标准。

11.2　冷冻精液质量检测

执行 GB/T 2828.1 的规定。

12　行业检测

按照《家畜遗传材料生产许可办法》，种公牛站每年要报送冻精样品接受检测。

13　产品包装与标识

产品包装、标识、品种代号执行 NY/T 1234。

ICS 65.020.30

B 40

DB1505

通 辽 市 农 业 地 方 标 准

DB 1505/T 083—2014

种牛场技术规范

2014—05—20发布　　　　　　　　　　　　　2014—06—10实施

通 辽 市 质 量 技 术 监 督 局　发布

前　言

本标准附录 A、附录 B、附录 C 为规范性附录。

本标准由通辽市农牧业局和通辽市质量技术监督局提出。

本标准由通辽市农牧业局归口。

本标准起草单位：通辽市畜牧兽医科学研究所。

本标准主要起草人：贾伟星、李良臣、高丽娟、郭煜、刘国春。

种牛场技术规范

1 范 围

本标准规定了种牛场的环境、育种规划、育种档案、生产性能测定、核心群选育、饲养管理技术。

本标准适用于通辽地区种牛场。

2 规范性引用文件

下列文件对于本文件的应用是必不可少的。凡是注日期的引用文件，仅所注日期的版本适用于本文件。凡是不注日期的引用文件，其最新版本（包括所有的修改单）适用于本文件。

GB 19166 中国西门塔尔牛

DB 1505/T 005 畜牧养殖 产地环境技术条件

DB 1505/T 065 科尔沁肉牛兽医防疫准则

DB 1505/T 066 科尔沁肉牛用药准则

DB 1505/T 072 科尔沁肉牛品种要求

DB 1505/T 071 全封闭牛舍设计与建筑技术规范

DB 1505/T 076 牛舍环境质量控制

3 环境卫生及场址

执行 DB 1505/T 005、DB 1505/T 071、DB 1505/T 076。

4 育种规划

4.1 根据本品种制定育种目标、技术路线、技术方案、保障措施。

4.2 根据本场生产条件，确定目标性状及其经济加权值，选择育种方法，制定遗传学和经济学参数估计及生产性能测定的方法。

4.3 选择育种值估计的方法，根据育种成效，筛选出最优育种方案。

4.4 品种执行 GB 19166、DB 1505/T 072。

5 核心群选育

应制定基础核心群组建方案、核心群选种选配方案、种牛生产性能测定选择指标、遗传性能评估方法。

6 体型外貌评定

依据品种标准进行体型外貌等级评定。

7 生产性能测定

7.1 生长发育

体重、体尺测定，包括初生重、断奶重、周岁重、18 月龄体重、成年重及相应发育阶段的体高、体长、胸围、管围等。

7.2 产肉性能

日增重、饲料利用率、胴体重、屠宰率、净肉率、背膘厚、眼肌面积、肉的品质。

7.3 产乳性能

305 d 产奶量、乳脂率、乳蛋白率、干物质含量。

7.4 繁殖性能

受胎率、繁殖成活率。

8 饲养管理

8.1 犊牛培育见附录 A。

8.2 育成牛培育见附录 B。

8.3 适龄母牛饲养管理见附录 C。

9 疫病防制

执行 DB 1505/T 065、DB 1505/T 066。

10 档案管理

健全公、母牛系谱及各项生产记录，归档保存，专人管理。

附录 A

（规范性附录）

犊牛培育技术规程

A.1 犊牛饲养

A.1.1 初乳期（1～7日龄）

犊牛出生后应尽早哺乳母乳，一般生后 0.5～1.0 h 哺喂，最多不超过 2 h，以后 24 h 内饲喂 5 kg，至少吃足 3 d 初乳。第一次初乳饲喂量不超过犊牛体重的 5%，一般是 1.5～2 kg。间隔 6～9 h 后第二次饲喂初乳。以后每天喂 3 次。每次饲喂量不能超过犊牛体重的 5%。喂给犊牛初乳温度应在 36～38℃之间。

A.1.2 哺乳期

A.1.2.1 哺 乳

哺乳期一般 45～60 d 左右。8～15 日龄为 6 kg，分 3 次喂；16～35 日龄为 8 kg，分 3 次喂；36～50 日龄为 5 kg，分 2 次喂；51～56 日龄为 4 kg，分 2 次喂；57～60 日龄为 3 kg，分 2 次喂。犊牛宜早期断奶。母乳不足时，犊牛生后 10 d 左右应用代乳品（又称为人工乳）代替常乳哺喂。浓度 12%～16%，即按 1∶8～1∶6 加水，饲喂温度为 38℃。

A.1.2.2 补 料

A.1.2.2.1 开食料

生后 10～15 d 开始调教犊牛采食。初喂时可将少许牛奶洒在精料上，开始时日喂干粉料 10～20 g，到 1 月龄时，每天可采食 150～300 g，2 月龄时每天可采食到 500～700 g，3 月龄时每天可采食到 750～1 000 g。

A.1.2.3.2 青干草

15 日龄开始训练采食优质干草。

A.2 犊牛的管理

A.2.1 犊牛出生后应立即清除口腔和鼻孔内的黏液，剪断脐带，擦干被毛，饲喂初乳。

A.2.2 及时标识、称重、填写出生记录、照相并存入电子档案。

A.2.3 犊牛出生后应每犊一栏，隔离管理，1 月龄后过渡到群栏。同一群犊牛的月龄应一致或相近。犊牛每日应刷拭一次。犊牛生后 8～10 日龄，开始在犊牛舍外运动场做短时

· 169 ·

间运动，以后逐渐延长运动时间。

A.2.4　日常管理应做到"五定""四勤"即：定质、定时、定量、定温、定人。勤打扫、勤换垫草、勤观察、勤消毒。做到保温防寒、卫生消毒。

附录 B

（规范性附录）

育成牛培育技术规范

B.1　育成牛饲养

B.1.1　育成母牛饲养

B.1.1.1　7 ～ 12 月龄

育成母牛日增重 0.7 ～ 0.8 kg 左右。除给予优质的干草和青饲料外，补充适量混合精料。按 100 kg 体重计算，参考喂量：青贮 5.0 ～ 6.0 kg，干草 1.5 ～ 2.0 kg，秸秆 1.0 ～ 2.0 kg，精料 1.0 ～ 1.5 kg。精料中注意添加钙、磷和食盐。

B.1.1.2　13 ～ 18 月龄

育成牛已达到体成熟，日粮应以青、粗饲料为主，其比例约占日粮干物质总量的 75%，其余 25% 为混合精料，每日供应精料 2.0 ～ 3.0 kg。

B.1.2　育成公牛饲养

育成公牛的饲养重点是进行定向培育，体质外貌达到品种标准一级以上。放牧＋舍饲饲养条件下对育成公牛的饲养，应补饲精料，粗饲料自由采食。完全舍饲条件下，精、粗饲料干物质比例为 45 ： 55。

日粮供应计算办法：

6 ～ 12 月龄精料供应量占体重的 0.8% ～ 1.0%；粗饲料占体重的 1.0%。

18 月龄精料供应量占体重的 0.5% ～ 0.8%；粗饲料占体重的 1.5%。

B.2　育成牛的管理

B.2.1　分　群

断奶后，育成公牛与母牛分群饲养。一般在 12 月龄、18 月龄、初配定胎后进行 3 次转群。

B.2.2 刷 拭

每天刷拭一次。

B.2.3 生长发育测定

在 6 月龄、12 月龄、18 月龄、24 月龄进行外貌评定、体尺体重测定。

B.2.4 留 种

育成牛在 6 月龄、12 月龄、18 月龄和 24 月龄根据外貌评定和种用性能测定结果确定是否留种。

附录 C

（规范性附录）

适龄母牛饲养管理技术规范

C.1 妊娠母牛的饲养管理

分妊娠前期（妊娠 1～3 个月）、妊娠中期（妊娠 4～6 个月）和妊娠后期（妊娠 7～9 个月）。妊娠前期、中期，不需补饲，妊娠后期适当增加精补料。防止流产、早产，妊娠后期的母牛单独组群放牧。

C.1.1 舍饲饲养

日粮以青粗饲料为主适当搭配精饲料。粗饲料以青黄贮、玉米秸等为主，搭配优质豆科牧草，根据膘情补饲混合精料 1～2 kg。精料参考配方：玉米 52%，饼类 20%，麸皮 25%，石粉 1%，食盐 1%，微量元素、维生素 1%。

C.1.2 放牧饲养

放牧地离牛舍不应超过 3 000 m，青草季节应尽量延长放牧时间，必须补饲食盐（舔砖）。

C.2 哺乳母牛饲养管理

C.2.1 分娩管理

母牛产犊后及时给予 36～38℃ 的温水，并在水中加入麸皮 1.0～1.5 kg，食盐 100～150 g，250 g 红糖，调成稀粥状饲喂。胎衣完整排出后用 0.1% 的高锰酸钾消毒母牛阴部和臀部。

产后 3 d 内，精饲料最高喂量不能超过 2 kg。14 d 内饲料应以适口性好，易消化吸收的优质青干草为主，日喂量 15 kg 左右，自由采食。分娩 14 d 后，饲料喂量应随产奶量的增加而逐渐增加，并应保证充足饮水。

C.2.2　泌乳期饲养

母牛在整个泌乳期，依据其生理特点，一般可分为初期、盛期、中期和末期 4 个阶段。

C.2.2.1　泌乳初期

母牛产犊后 10 ～ 15 d。产犊后 3 天喂给优质干草；3 ～ 4 d 后可喂多汁饲料和精饲料，每天精饲料量增加不超过 1kg。当乳房水肿完全消失时，饲料即可增至正常。

C.2.2.2　泌乳盛期

母牛产犊后 15 ～ 90 d。主要以优质干草和多汁饲料、青黄贮为主。母牛日粮的营养水平为：日粮干物质占体重的 3.0% ～ 3.2%，每千克干物质含 2.26 个 NND（NND 为奶牛能量单位），粗蛋白质 14%，钙 0.45%、磷 0.4%、精粗比为 45：55。

C.2.2.3　泌乳中期

泌乳 91 ～ 210 d。母牛日粮水平为：每千克干物质含 2.13 个 NND、13% 粗蛋白质、0.45% 钙、0.4% 磷，精粗比为 40 ： 60。

C.2.2.4　泌乳末期

母牛已到妊娠后期，胎儿生长发育迅速。母牛日粮营养水平为：每千克干物质含 2 个 NND，粗蛋白质 12%，钙 0.45%、磷 0.35%、精粗比为 30：70。

C.3　空怀母牛的饲养管理

以提高受胎率为主。空怀母牛在配种前应具有中上等膘情。瘦弱母牛配种前 1 ～ 2 个月加强饲养，适当补饲精料，发现发情母牛及时配种。对初配母牛，应加强管理。

ICS 65.020.30

B 40

DB1505

通 辽 市 农 业 地 方 标 准

DB 1505/T 084—2014

牛胚胎移植技术规程

2014—05—20发布 2014—06—10实施

通 辽 市 质 量 技 术 监 督 局　发布

前　言

本标准附录 A 为规范性附录。

本标准由通辽市农牧业局和通辽市质量技术监督局提出。

本标准由通辽市农牧业局归口。

本标准起草单位：通辽市畜牧兽医科学研究所。

本标准主要起草人：王维、李良臣、贾伟星、高丽娟、郭煜。

牛胚胎移植技术规程

1 范　围

本标准规定了牛胚胎移植的主要技术。包括供体牛选择、超排处理、人工授精、胚胎收集、受体牛准备、移植、妊娠诊断等。

本标准适用于通辽地区养牛场（户）。

2 规范性引用文件

下列文件对于本文件的应用是必不可少的。凡是注日期的引用文件，仅所注日期的版本适用于本文件。凡是不注日期的引用文件，其最新版本（包括所有的修改单）适用于本文件。

NY/T 815　肉牛饲养标准

DB 1505/T 065　科尔沁肉牛兽医防疫准则

DB 1505/T 067　牛冷冻精液人工授精技术规范

DB 1505/T 074　牛妊娠诊断规程

3 术语和定义

下列术语和定义适用于本标准。

3.1 供　体

提供胚胎的母牛。

3.2 受　体

接受胚胎并代之完成妊娠、分娩、哺乳犊牛的母牛。

3.3 同期发情

同期发情又称同步发情，就是利用某些激素制剂人为地控制并调整一群母畜发情周期的进程，使之在预定时间内集中发情。

3.4 超数排卵

在母牛发情周期的适当时期，注射促性腺激素，使卵巢上比自然生理状态下有更多的卵泡发育并排卵的方法简称"超排"。

3.5　冲　胚

利用冲卵液将胚胎冲出，并收集在器皿中。

3.6　检　胚

指对冲出的胚胎的完整性、活力进行形态学检测并鉴定等级。

4　供体牛的选择标准

4.1　谱系清楚，生产性能优良，种用价值高。

4.2　繁殖性能良好，有连续2个或2个以上正常发情周期。

4.3　营养状况好，膘情中上等。

4.4　无生殖系统疾病和传染性疾病。

4.5　与配种公牛必须是经过后裔测定的优秀个体，育种值排名靠前。

5　受体牛的准备

5.1　受体牛选择

可选择生长发育正常、健康无病、乳房发育良好、繁殖力较强、体格适中的母牛，最好是经产母牛。

5.2　组　群

5.2.1　外购受体牛应来自非疫区，并经兽医部门检疫合格的健康空怀母牛。

5.2.2　外购母牛隔离、免疫、驱虫执行 DB 1505/T 065。

5.2.3　受体牛佩戴耳标。

5.3　受体牛的饲养管理

5.3.1　受体牛的饲养标准参照 NY/T 815。

5.3.2　详细观察受体牛的日常行为、发情状况、健康状态。

5.4　受体牛的同期发情

5.4.1　受体牛的发情时间与供体牛超排后的发情时间应确保一致，前后不超过1 d。

5.4.2　同期发情方法

前列腺素（$PGF_{2\alpha}$）法：一次注射法是在发情周期的第9 d注射 $PGF_{2\alpha}$，通常在

2～3 d 内发情。在不清楚发情周期的情况下采用两次注射法，即第一次注射后间隔 10～12 d 再进行第二次注射。约 90% 于注射后 24～48 h 发情。

孕激素法：每日肌注或口服孕酮类似物如氯前列烯醇（PGC）2 mL 或 0.2 mg。处理 12～18 d，停药 2～3 d 后出现发情。

5.4.3　受体牛发情鉴定方法

受体牛发情鉴定方法与供体牛相同。

6　供体牛的超排处理

6.1　处理方法

通常采用促卵泡素（FSH）＋前列腺素（PG）法。

6.2　程　序

供体牛发情后的第 9～13 d 肌注 FSH，以日递减法连续注射 4 d，每天早晚等量注射 2 次（每隔 12h），使用总剂量按照牛的体重、胎次作适当调整。详见表 1。

表 1　发情 9～13 d 超排处理及药物剂量表

激　素	产　地	起始注射量（mg）		连续注射 4 d 每日递减（mg）
		经产牛	育成牛	
FSH	国产	8～10	6～8	0.2～0.4
	进口	300～400	200～300	20
PG 氯前列烯醇	肌注	注射 FSH 5～6 针后		0.4～0.6
	子宫灌注	注射 FSH 5～6 针后		0.2～0.3

超排药品的剂量和比例应根据不同厂家和批号作调整。

7　供体牛的人工授精

7.1　发情鉴定

供体牛超排处理后，一般 12～48 h 出现发情征兆。发情鉴定执行 DB 1505/T 067。

7.2　配　种

执行 DB 1505/T 067。

8 胚胎收集

8.1 方 法

采用非手术法。

8.2 准 备

8.2.1 回收胚胎在配种后 6～8 d 进行。冲胚前一天开始停饲并限制饮水，以减轻冲胚操作时腹压和瘤胃压力的影响。

8.2.2 准备好冲胚器械和冲卵液。冲卵液使用杜氏磷酸盐缓冲液（D-PBSS），其成分和配方见附录 A。

8.3 供体牛的保定与消毒。

保定供体牛，用 2% 盐酸利多卡因或普鲁卡因进行荐尾椎硬膜外麻醉，用 18 号针头，每头牛约 5 mL。应将外阴部及阴唇清洗消毒，再用消毒过的纸巾擦干。

8.4 胚胎回收

8.4.1 固定冲卵器

供体牛尾部麻醉后，操作者一只手伸入直肠握住子宫颈，另一只手持内管穿插有金属探针的双通式或三通式导管冲卵器，使其依次通过阴门、阴道、子宫颈和子宫体，最后头部抵达一侧子宫角的基部。然后通过充气孔充气 15～20 mL，使其头部的气囊膨胀以固定在子宫角内腔的基部，以免冲卵液流入子宫体并沿子宫颈流出。

8.4.2 注入冲卵液

将 D-PBSS 冲卵液吊瓶挂在距母牛外阴上方 0.8～1 m 高处，接三通管和冲卵管，用进流开关和出流开关控制流量，每次灌注 30～50 mL D-PBSS 冲卵液，单侧总量为 300～500 mL。也可用 50 mL 一次性注射器分次注射和抽吸（剂量为 30～50 mL），具有相同的冲排效果。另侧子官冲胚时应先重新插入钢芯和放气，将其移入另侧子官角后用同样方法冲胚。冲胚结束后放气，将采卵管移入子宫体后，在子宫体推注抗生素（如土霉素 100 万 IU 或宫乳康 10～20 mL），肌注氯前列烯醇（PGC）0.4 mg，间隔 12 h 后再用 0.4 mg。

9 胚胎检查

9.1 检 胚

采用漏斗法接收回收液，静置 10 min，等胚胎下沉后移去上层液，可将最后留在斗中的回收液倒入玻璃皿中直接捡胚，捡到胚胎应及时移入含有 10% ～ 20% 犊牛血清的 D-PBSS 培养液中；进行净化处理，对回收的胚胎进行形态学鉴定确定等级。

从回收液中捡胚可用实体显微镜放大 16 ～ 20 倍。将找到的胚胎用吸管捡出放入装有 D-PBSS 保存液的器皿中，按顺序依次轻轻吸胚、清洗，可先吸些 D-PBSS 吹向胚的周围，使胚在液滴中翻腾，清除卵周围的黏连物，一般需清洗 3 次。

9.2 胚胎质量鉴定

9.2.1 将净化后的胚胎置于 D-PBSS 液中，放大 40 ～ 200 倍作形态学检查。胚龄通常以母畜发情日为 0 d 来计算，距发情日的天数即为胚龄。

9.2.2 胚胎发育特征

适于移植的胚胎胚龄为 6 ～ 8 d，相对应的胚胎发育阶段为桑椹胚至囊胚，其发育表现为：

9.2.2.1 桑椹胚

受精后第 5 ～ 6 d 回收的胚胎，能观察到球状细胞团，分不清分裂球，占据透明带内腔的大部分。

9.2.2.2 致密桑椹胚

受精后第 6 ～ 7 d 回收的胚胎，细胞团变小，占透明带内腔的 60% ～ 70%。

9.2.2.3 早期囊胚

受精后第 7 ～ 8 d 回收的胚胎，细胞的一部分出现发亮的胚泡腔，细胞团占透明带内腔的 70% ～ 80%，难以分清内细胞团和滋养层。

9.2.2.4 囊 胚

受精后第 7 ～ 8 d 回收的胚胎，内细胞团和滋养层界限清晰，胚泡腔明显，细胞充满透明带内腔。

9.2.2.5 扩张囊胚

受精后第 8 ～ 9 d 回收的胚胎，胚泡腔明显扩大，体积增至原来的 1.2 ～ 1.5 倍，与透明带之间无空隙，透明带变薄，相当于正常厚度的 1/3。

9.2.2.6 孵育胚

透明带破裂，细胞团孵出透明带。

9.2.3 胚胎的分级

9.2.3.1 1 级 优良胚胎：形态典型，卵细胞和分裂球的轮廓清晰，细胞质致密，色调和分布极均一。

9.2.3.2 2 级 普通胚胎：与典型的胚胎相比，稍有变形，但卵细胞和分裂球的轮廓清晰，细胞质较致密，分布均匀，变性细胞和水泡不超过 10% ～ 30%。

9.2.3.3　3 级　不良胚胎：形态有明显变异，卵细胞和分裂球轮廓稍不清晰，或部分不清晰，细胞质不致密，分布不均匀，色调发暗，突出的细胞、水泡和变性细胞占 30% ～ 50%。

9.2.3.4　4 级　凡总体形态结构不正常的卵子，未受精的、退化的或破碎的卵子，透明带空的或将要空的卵子，以及与正常胚龄相比，发育迟 2 d 或 2 d 以上的胚胎均难以继续正常发育，不宜移植。

10　胚胎的装管、冷冻和解冻

10.1　装　管

10.1.1　采用一步平衡法

冷冻保存液为含 10% 甘油的 D-PBSS 液。将胚胎在基础液（PBS ＋ 10%BSA 冲卵液）中洗涤 5 ～ 10 次，在 10% 甘油第 1 液中平衡 5 min，在 10% 甘油第 2 液中平衡 10 min 后装管。

注：10%BSA 冲卵液：含 10% 胎牛血清的磷酸盐缓冲液洗

10.1.2　胚胎装管方法

将平衡好的胚胎用 0.25 mL 细管装管备用。3 段法装管的顺序是：3 cm 12.5% 蔗糖 PBS 液、0.5 cm 气泡、1.0 cm10% 甘油 PBS 液（含胚胎）、0.5 cm 气泡、2 cm 12.5% 蔗糖 PBS 液。用封口塞、聚乙醇粉末封口或热封法将开口端封口，按程序进行冷冻。

10.2　冷　冻

将装入胚胎的细管放入 0℃冷冻仪平衡 10 min，以 1℃ /min 速度降温，（-7 ～ -6）℃诱发结晶，平衡 10 min。随后将冷冻仪以 0.5℃ /min（0.3 ～ 0.8℃ /min）降至 -30℃，然后将冷冻后的胚胎分装标记放入液氮罐中长期保存。

10.3　解　冻

从液氮罐中取出胚胎细管，在空中停留 1 s，放入 36 ～ 38℃水浴中停留 10 s 解冻后，用生理盐水清洗，剪去棉塞端，与带有空气的 1 mL 注射器连接上。再剪去细管的另一端封口，将胚胎推到干燥洁净器皿内。采用分步法脱除甘油，分别间隔 5 min，依次通过 1 mol、0.75 mol、0.50 mol、0.25 mol 的甘油磷酸盐缓冲液，最后通过含 10% 胎牛血清的磷酸盐缓冲液洗 2 ～ 3 次，去除甘油，移至不含甘油的 PBS 保存液中镜检待用。

10.4　胚胎细管标记

胚胎细管应标记和登记。存档资料包括胚胎系谱、代码、保存方法、应用单位。胚胎标记包括序列号、父本、母本、胚胎发育期和级别及数量、胚胎生产单位和胚胎生产日期。

11　胚胎移植

分为鲜胚移植和冻胚移植。

11.1　受体牛黄体检查

要求受体牛发情时直肠检查的卵泡直径在 10 ～ 20 mm 左右，发情后 36 h 出现排卵。黄体发育达到一级和二级发育水平的才能进行胚胎移植。黄体发育程度判定条件如下：

11.1.1　一级黄体

黄体形态和发情天数一致，黄体呈乳头状突出于卵巢表面。黄体直径 2.0 cm 左右，约拇指大小，呈软肉状，排卵点火山口状凸起明显。

11.1.2　二级黄体

黄体形态和发情天数基本一致。黄体直径 1.5 cm 左右，约中指肚大小，呈硬肉状，排卵点凸起较明显。

11.1.3　三级黄体

黄体直径 1.0 cm 左右，手摸约小拇指大小，硬而凸起不明显。黄体发育不良的母牛应及时淘汰。

11.2　受体牛的准备

保定受体牛，清除便污，肌注 2% 静松灵 1 mL 或用 2% 的普鲁卡因 3 mL 在 1 ～ 2 尾椎间硬膜外麻醉。清洗外阴，用高锰酸钾水冲洗消毒，用灭菌纸擦干，最后经酒精棉球消毒。

11.3　器械准备

先将移植枪、枪头及金属保护外套分别用纸包扎好，高压消毒。塑料卡苏式移植枪需经气体灭菌。移植时先用 70% 酒精棉球消毒装有胚胎的塑料吸管，然后剪掉封口一端，装入移植枪内，套上保护外套。

11.4　移植前胚胎装管

用 0.25 mL 吸管分三段吸入 PBS 保存液，中间由两个气泡隔开，中段含有胚胎。也可用小汽泡分成多段装管，胚胎在中段。一步吸管法解冻脱甘油后，用酒精棉球多次消毒吸管，剪去封口即可用于移植。

11.5 移 植

操作员一只手伸进直肠，另一只手持移植器插入阴道，移植器到达子宫颈口时，用力将移植枪捅破外套填片，插入子宫颈。在直肠内诱导使枪头轻轻稳妥地插入黄体一侧子宫角至大弯处，持移植器的手推出胚胎，缓慢旋转地抽出移植枪。

12 妊娠诊断

采用外部观察法和直肠检查法，执行 DB 1505/T 074。

附录 A

（规范性附录）

附录 A

表 A.1 基础液（PBS）的配制方法和剂量表

项目成分		1 000 mLPBS		
		mmol/L	mg/L	g/L
A 液	NaCl	136.87	8 000	8.00
	KCl	2.68	200	0.20
	CaCL$_2$	0.90	100	0.10
	MgCl$_2 \cdot$ 6H$_2$O	0.49	100	0.10
B 液	Na$_2$HPO$_3 \cdot$ 12H$_2$O		2 890	2.89
	K$_2$HPO$_3$	1.47	200	0.20
C 液	葡萄糖	5.50	1 000	1.00
	丙酮酸钠	0.33	36	0.036
	BSA / FCS		3 000	3.00
	80 万 iu PN	100 iu/mL	0.06 g/L	0.06 g/L
	100 万 su SM	100 μg/mL	0.14 g/L	0.14 g/L
双蒸水	DD H$_2$O	1 000 mL		

ICS 65.020.30

B 45

DB1505

通 辽 市 农 业 地 方 标 准

DB 1505/T 134—2014

科尔沁牛肉　鲜、冻分割肉

2014—05—20 发布　　　　　　　　　　　　　　2014—06—10 实施

通 辽 市 质 量 技 术 监 督 局　发 布

前　言

本标准由通辽市农牧业局和通辽市质量技术监督局提出。

本标准由通辽市农牧业局归口。

本标准起草单位：通辽市畜牧兽医科学研究所。

本标准主要起草人：韩明山、贾伟星、李良臣、高丽娟、闫宝山。

科尔沁牛肉 鲜、冻分割肉

1 范 围

本标准规定了牛肉鲜、冻分割产品分类、技术要求、检验方法、检验规则、标志、包装、运输和贮存。

本标准适用于科尔沁肉牛带骨牛肉的分割。

2 规范性引用文件

下列文件对于本文件的应用是必不可少的。凡是注日期的引用文件，仅所注日期的版本适用于本文件。凡是不注日期的引用文件，其最新版本（包括所有的修改单）适用于本文件。

GB 2707 鲜（冻）畜肉卫生标准

GB 2763 食品中农药最大残留限量

GB/T 4456 包装用聚乙烯吹塑薄膜

GB/T 4789.2 食品微生物学检验—菌落总数测定

GB/T 4789.3 食品微生物学检验—大肠菌群测定

GB/T 4789.4 食品微生物学检验—沙门氏菌测定

GB/T 4789.6 食品微生物学检验—致泻大肠埃希氏菌检验

GB 4789.10 食品微生物学检验 金黄色葡萄球菌检验

GB 4789.30 食品微生物学检验 单核细胞增生李斯特氏菌检验

GB/T 5009.11 食品中总砷及无机砷的测定

GB/T 5009.12 食品中铅的测定

GB/T 5009.15 食品中镉的测定

GB/T 5009.17 食品中总汞及有机汞的测定

GB/T 5009.13 食品中铜的测定方法

GB/T 5009.19 食品中六六六、滴滴涕残留量的测定方法

GB/T 5009.20 食品中有机磷农药残留量的测定方法

GB/T 5009 33 食品中亚硝酸盐与硝酸盐的测定方法

GB/T 5009.44 肉与肉制品卫生标准的分析方法

GB/T 5009.123 食品中铬的测定

GB/T 6388 运输包装收发货标志

GB/T 6543 运输包装用单瓦楞纸箱和双瓦楞纸箱

GB 7718 预包装食品标签通则

GB 9681 食品包装用聚氯乙烯成型品卫生标准

GB 9687 食品包装用聚乙烯成型品卫生标准

GB 9688 食品包装用聚丙烯成型品卫生标准

GB 9689 食品包装用聚苯乙烯成型品卫生标准

GB 12694 肉类加工厂卫生标准

GB/T 14931.1 畜禽肉中土霉素、四环素、金霉素残留量测定方法

GB/T 14931.2 畜禽肉中乙烯雌酚的测定方法

GB/T 17238 鲜、冻分割牛肉

GB 18394 畜禽肉水分限量

GB 18406.3 农产品安全质量 无公害畜禽肉安全要求

GB/T 19477 牛屠宰操作规程

SN/T 0124 出口肉中蝇毒磷残留量检验方法

SN/T 0125 出口肉中敌百虫残留量检验方法

SN/T 0208 出口肉中十种磺胺残留量检验方法

SN/T 0347 出口肉中氯霉素残留量检验方法

SN/T 0539 出口肉中青霉素残留量检验方法

SN/T 10387 畜禽肉和水产品中呋喃唑酮的测定

SN/T 0973 进出口肉与肉制品及其他食品中肠出血性大肠杆菌 O157：H7 检测方法

SN/T 1924 进出口动物源食品中克伦特罗、莱克多巴胺、沙丁胺醇和特布特林残留的测定 液相色谱—质谱／质谱法

NY/T 676 牛肉质量分级

NY/T 843 绿色食品 肉及肉制品

JJF 1070 定量包装商品净含量计量检验规则

定量包装商品计量监督管理办法（国家质量监督检验检疫总局〔2005〕第 75 号令）

农业部 781 号公告 --5—2006 动物源食品中阿维菌素类药物残留量的测定 高效液相色谱法

3 术语和定义

下列术语和定义适用于本标准。

3.1 分割牛肉

带骨牛肉经剔骨、按部位分割而成的肉块。

3.2 里脊（牛柳）

从腰内侧沿趾骨前下方顺着腰椎紧贴横突切下的净肉，即腰大肌。

3.3 外脊（西冷）

从倒数第 1 腰椎至第 12 ～ 13 胸椎切下的净肉，主要为背最长肌。

3.4 眼　肉

后端与外脊相连，前端至第 5 ～ 6 胸椎间，沿胸椎的棘突与横突之间取出的净肉，主要包括背阔肌、背最长肌、肋间肌。

3.5 上　脑

后端与眼肉相连，前端至第 1 胸椎处，沿胸椎的棘突与横突之间取出的净肉，主要包括胸背最长肌、肋间肌、斜方肌。

3.6 辣椒条

位于肩胛骨外侧，从肱骨头与肩胛骨结节处紧贴冈上窝取出的形如辣椒状的净肉，主要包括冈上肌。

3.7 胸　肉

从胸骨柄沿着胸骨直至剑状软骨，去除胸骨，肋软骨后的部分，位于胸部，主要包括胸深肌、胸浅肌。

3.8 腹　肉

从胸椎沿腹壁外侧 8 ～ 12 cm 处并且平行胸椎切断，主要包括 1 ～ 13 肋部分，去除肋骨以后的净肉，位于胸腹部，主要包括肋间外肌、肋间内肌、腹外斜肌等。

3.9 臀肉（尾龙扒）

位于后腿外侧靠近股骨一端，沿着臀股四头肌边缘取下的净肉，主要包括臀中肌、臀伸肌、骨阔筋膜张肌。

3.10 米龙（针扒）

沿股骨内侧从臀股二头肌与臀股四头肌边缘取下的净肉。位于后腿内侧，主要包括半膜肌、骨薄肌等。

3.11 牛霖（膝圆）

位于股骨前面及俩侧，被阔筋膜张肌覆盖，即沿着股骨直至膝盖骨，取下的一块近椭圆形的一块净肉，主要是臀肌四头肌。

3.12 小黄瓜条

主要是半腱肌，位于臀部，沿臀股二头肌边缘取下的形如管状的净肉。

3.13 大黄瓜条（烩扒）

主要是臀股二头肌，位于后腿外侧，沿半腱肌股骨边缘取下的长而宽大的净肉。

3.14 腱子肉

前牛腱位于前小腿处，主要包括腕桡侧肿肌、腕外侧屈肌等，从肱骨和桡骨结节处剥离桡骨、尺骨以后，取下净肉。后牛腱位于后小腿处，主要腓骨长肌、趾深屈肌、腓肠肌、胫骨前肌等从胫骨与股骨结节处剥离胫骨以后取下的净肉。

4 产品分类

按加工工艺分为：鲜分割牛肉，冻分割牛肉。

5 技术要求

5.1 原 料

应符合 GB/T 19477 规定。

5.2 加 工

5.2.1 屠宰加工及卫生

应符合 GB 12694 规定。

5.2.2 冷却、分割、贮藏或冻结

5.2.2.1 胴体冷却

屠宰放血后，胴体应在 45 min 内移入冷却间内进行冷却。胴体之间的间距不应小于 10 cm。预冷间温度在 0 ~ 4℃ 之间，相对湿度在 80% ~ 95%。在 36 h 内使胴体后腿部、肩胛部中心温度降至 7℃ 以下。

5.2.2.2 质量分级

应符合 NY/T 676 规定。

5.2.2.3　分割间温度及修整

5.2.2.3.1　分割间温度

应确保分割间温度在 12℃以下，生产冷鲜分割产品时，分割间温度应在 8 ～ 10℃。

5.2.2.3.2　修　整

修整应平直持刀，保持肌膜、肉块完整。肉块上不应带伤斑、血瘀、血污、碎骨、软骨、病变组织、淋巴结、脓包、浮毛或其他杂质。

5.2.2.4　包装、贮藏或冻结

5.2.2.4.1　包　装

根据产品的不同种类采用不同的包装方式。

5.2.2.4.2　贮　藏

分割肉块应该在 0 ～ 4℃、相对湿度 80% ～ 95% 的贮藏间贮存。

5.2.2.4.3　冻　结

分割肉块应在 -28℃以下，在 48 h 内使肉块的中心温度达到 -18℃以下。

5.3　感　官

鲜、冻分割牛肉的感官要求应符合表 1 的规定。

表 1　鲜、冻分割牛肉的感官要求

项　目	鲜牛肉	冻牛肉（解冻后）
色泽	肌肉有光泽，色鲜红或深红；脂肪白色或呈乳白色	肌肉色鲜红，有光泽；脂肪白色或乳白色
黏度	外表有风干膜，不粘手	肌肉外表微干，或有风干膜，或外表湿润，不粘手
弹性（组织状态）	指压后有凹陷可恢复	肌肉结构紧密，有坚实感，肌纤维韧性强
气味	具有鲜牛肉正常的气味	具有牛肉正常的气味
煮沸后肉汤	透明澄清，脂肪团聚于表面，具特有香味	澄清透明，脂肪团聚于表面，具有牛肉汤固有的香味和鲜味
肉眼可见异物	不得带伤斑、血瘀、血污、碎骨、病变组织、淋巴结、脓包、浮毛或其他杂质	

5.4　理化指标

鲜、冻分割牛肉理化指标应符合表 2 的规定。

表 2　鲜、冻分割牛肉的理化指标

项　目	指　标
挥发性盐基氮（mg/100g）	≤ 14
铅（pb）（mg/kg）	≤ 0.1
无机砷（mg/kg）	≤ 0.05
镉（Cd）（mg/kg）	≤ 0.1
总汞（以 Hg 计）（mg/kg）	≤ 0.05
铬（Cr）（mg/kg）	≤ 0.5
铜（Cu）（mg/kg）	≤ 8
亚硝酸盐（以 $NaNO_2$ 计）（mg/kg）	≤ 3

5.5　水分限量

鲜、冻分割牛肉的水分限量要求≤ 77%。

5.6　农药、兽药及非法添加物质残留限量

鲜、冻分割牛肉的农药、兽药及非法添加物残留限量要求应符合表 3 的规定。

表 3　鲜冻分割牛肉的农、兽药及其他化学物质的残留限量的要求

序号	项　目	最高限量（mg/kg）
1	六六六	≤ 0.05
2	滴滴涕	≤ 0.05
3	蝇毒磷	≤ 0.5
4	敌敌畏	≤ 0.02
5	青霉素	< 0.05
6	伊维菌素	≤ 0.02
7	盐酸克伦特罗	不得检出（检出限≤ 0.000 5）
8	莱克多巴胺	不得检出（检出限≤ 0.000 5）
9	沙丁胺醇	不得检出（检出限≤ 0.000 5）
10	四环素	不得检出（检出限< 0.1）
11	金霉素	不得检出（检出限< 0.1）
12	土霉素	不得检出（检出限< 0.1）
13	磺胺类	不得检出（检出限< 0.05）
14	乙烯雌酚	不得检出（检出限< 0.05）
15	呋喃唑酮	不得检出（检出限< 0.01）
16	氯霉素	不得检出（检出限≤ 0.001）

5.7 微生物指标

鲜、冻分割牛肉的微生物指标见表4。

表4 鲜、冻分割牛肉微生物指标

项 目	指 标	
	鲜牛肉	冻牛肉
菌落总数，cfu/g	1×10^6	5×10^5
大肠菌群，MPN/100g	1×10^4	1×10^3
沙门氏菌	不得检出	
致泻大肠埃希氏菌	不得检出	
肠出血性大肠杆菌（O157：H7）	不得检出	
单核细胞增生李斯特菌	不得检出	
金黄色葡萄球菌	不得检出	

5.8 净含量

净含量以产品标签或外包装标注为准，负偏差应符合《定量包装商品计量监督管理办法》的规定。

6 检验方法

6.1 感官检验

6.1.1 色泽、组织形态、黏性、肉眼可见异物
目测、手触鉴别。

6.1.2 气 味
嗅觉鉴别。

6.1.3 煮沸后肉汤
按 GB/T 5009.44 规定的方法检验。

6.2 理化检验

6.2.1 挥发性盐基氮
按 GB/T 5009.44 规定的方法测定。

6.2.2 铅
按 GB/T 5009.12 规定的方法测定。

6.2.3 砷

按 GB/T 5009.11 规定的方法测定。

6.2.4 镉

按 GB/T 5009.15 规定的方法测定。

6.2.5 汞

按 GB/T 5009.17 规定的方法测定。

6.2.6 铬

按 GB/T 5009.123 规定的方法测定。

6.2.7 铜

按 GB/T 5009.13 规定的方法测定。

6.2.8 硝酸盐

按 GB/T 5009.33 规定方法测定。

6.3 水分含量检验

按 GB 18394 规定的方法测定。

6.4 六六六、滴滴涕

按 GB/T 5009.19 规定的方法测定。

6.5 敌敌畏

按 GB/T 5009.20 规定的方法测定。

6.6 蝇毒磷

按 SN/T 0124 规定的方法测定。

6.7 氯霉素

按 SN/T 0347 规定的方法测定。

6.8 盐酸克伦特罗、莱克多巴胺、沙丁胺醇

按 SN/T 1924 规定的方法测定。

6.9 伊维菌素

按农业部 781 号公告 --5—2006 方法测定。

6.10 四环素、土霉素、金霉素

按 GB/T 14931.1 规定的方法测定。

6.11 青霉素

按 SN/T 0539 规定的方法测定。

6.12 磺胺类

按 SN/T 0208 规定的方法测定。

6.13 呋喃唑酮

按 SN/T 10387 规定的方法测定。

6.14 乙烯雌酚

按 GB/T 14931.2 规定的方法测定。

6.15 微生物检验

6.15.1 菌落总数
按 GB/T 4789.2 规定的方法检验。

6.15.2 大肠菌群
按 GB/T 4789.3 规定的方法检验。

6.15.3 沙门氏菌
按 GB/T 4789.4 规定的方法检验。

6.15.4 致泻大肠埃希氏菌
按 GB/T 4789.6 规定的方法检验。

6.15.5 单核细胞增生李斯特氏菌
按 GB 4789.30 规定的方法检验。

6.15.6 金黄色葡萄球菌
按 GB 4789.10 规定的方法检验。

6.15.7 出血性大肠杆菌 O157：H7
按 SN/T 0973 规定的方法检验。

6.15.8 质量等级评定
按 NY/T 676 中附录 E 判断。

6.16 净含量

按 JJF 1070 规定的方法检验。

7 检验规则

7.1 出厂检验

7.1.1 产品出厂前由工厂技术检验部门按本标准逐批检验，并出据质量合格证书方可出厂。

7.1.2 检验项目为感官、挥发性盐基氮、菌落总数、大肠菌群、水分、净含量。

7.2 型式检验

7.2.1 一般情况下，型式检验每半年进行一次，有下列情况之一者应进行型式检验：

　　a）产品投产时；

　　b）停产三个月以上恢复生产时；

　　c）出厂检验结果与上次型式检验有较大差异时；

　　d）行政监管部门提出要求时。

7.2.2 型式检验项目为 5.3、5.4、5.5、5.6、5.7、5.8 中规定的项目。

7.3 组 批

同一班次、同一种类的产品为一批。

7.4 抽 样

7.4.1 从成品库中码放产品的不同部位，按表 5 规定的数量抽样。

表 5 抽样数量及判定规则

批量范围／箱	样本数量／箱	合格判定数 Ac	不合格判定数 Re
<1 200	5	0	1
1 200 ～ 2 500	8	1	2
>2 500	13	2	3

从全部抽样数量中抽取 2kg 试样，用于感官、水分、挥发性盐基氮和菌落总数、大肠菌群检验。

7.4.2 判定规则

按 5.3、5.4、5.5、5.6、5.7、5.8 和表 5 判定产品。检验结果全部符合本标准要求时，判定该批产品为合格品。

7.4.3 复检规则

经检验某项指标不符合本标准要求时，可加倍抽样对不符合项进行复检。复检后仍有不符合项时，则判该批产品为不合格产品。

8 标志、包装、运输和贮存

8.1 标 志

8.1.1 内包装标志应符合 GB 7718 的规定。外包装标志应符合 GB/T 6388 的规定。

8.1.2 按伊斯兰教风俗屠宰、加工的分割牛肉，应在包装箱上注明。

8.1.3 产品可追溯信息标记应清晰。

8.2 包 装

8.2.1 内包装材料应符合 GB/T 4456、GB 9681、GB 9687、GB 9688 和 GB 9689 的规定。

8.2.2 外包装材料应符合 GB/T 6543 的规定，包装箱应完整、牢固，底部应封牢。

8.2.3 包装箱内肉块应排列整齐，定量包装箱内允许有一小块补加肉。

8.3 运 输

应使用符合卫生要求的冷藏车。

8.4 贮 存

8.4.1 鲜分割牛肉应贮存在 0～4℃，相对湿度 80%～95% 的条件下。

8.4.2 冻分割牛肉应贮存在低于 -18℃ 的冷藏库内，昼夜温差 ±1℃，相对湿度 90% 以上，贮存期不超过 12 个月。

科尔沁肉牛标准体系表

　　本标准体系共有 190 项标准，其中：国家标准 104 项，行业标准 51 项，自治区地方标准 7 项，通辽市农业地方标准 28 项，详细附后。

科尔沁肉牛标准体系表

Aa 基础综合

序号	体系号	内容类别	标准名称	标准编号
1	YAa1-01	名词与术语	畜禽环境术语	GB/T 19525.1—2004
2	YAa1-02	名词与术语	畜禽养殖废弃物管理术语	GB/T 25171—2010
3	YAa1-03	名词与术语	饲料工业术语	GB/T 10647—2008
4	YAa1-04	名词与术语	饲料加工工艺术语	GB/T 25698—2010
5	YAa1-05	名词与术语	肉与肉制品术语	GB/T 19480—2009
6	YAa1-06	名词与术语	包装术语第 1 部分：基础	GB/T 4122.1—2008
7	YAa1-07	名词与术语	包装术语第 2 部分：机械	GB/T 4122.2—2010
8	YAa1-08	名词与术语	动物防疫基本术语	GB/T 18635—2002
9	YAa1-09	名词与术语	牛肉及牛副产品流通分类与代码	SB/T 10747—2012
10	YAa2-01	综合	科尔沁牛肉质量安全追溯系统规范	DB1505/T 059—2014
11	YAa2-02	综合	基于射频识别的犊牛、育肥牛环节关键控制点追溯信息采集指南	DB1505/T 060—2014
12	YAa2-03	综合	牛肉质量安全监控机制通用规范	DB1505/T 061—2014
13	YAa2-04	综合	饲料和食品链的可追溯性体系设计与实施指南	GB/T 25008—2010
14	YAa2-05	综合	饲料和食品链的可追溯性体系设计与实施的通用原则和基本要求	GB/T 22005—2009
15	YAa2-06	综合	家畜用耳标及固定器	NY 534—2002
16	YAa2-07	综合	动物防疫耳标规范	NY/T 938—2005
17	YAa2-08	综合	农产品质量安全追溯操作规程通则	NY/T 1761—2009
18	YAa2-09	综合	农产品质量安全追溯操作规程畜肉	NY/T 1764—2009
19	YAa2-10	综合	商品条码畜肉追溯编码与条码表示	DB15/T 532—2012

序号	体系号	内容类别	标准名称	标准编号
20	YAa2-11	综合	牲畜射频识别产品电子代码结构	DB15/T 533—2012
21	YAa2-12	综合	牛肉物流环节关键控制点追溯信息采集指南	DB15/T 644—2013
22	YAa2-13	综合	基于射频识别的肉牛屠宰环节关键控制点追溯信息采集指南	DB15/T 643—2013
23	YAa2-14	综合	基于射频识别的肉牛育肥环节关键控制点追溯信息采集指南	DB15/T 642—2013
24	YAa2-15	综合	食品安全追溯体系设计与实施通用规范	DB15/T 641—2013

Ab 环境与设施

序号	体系号	内容类别	标准名称	标准编号
25	YAb1-01	产地环境	畜牧养殖 产地环境技术条件	DB1505/T 005—2014
26	YAb1-02	产地环境	土壤环境质量标准	GB 15618—1995
27	YAb1-03	产地环境	生活饮用水卫生标准	GB 5749—2006
28	YAb1-04	产地环境	畜禽场环境质量评价准则	GB/T 19525.2—2004
29	YAb1-05	产地环境	农、畜、水产品产地环境监测的登记、统计、评价与检索规范	GB/T 22339—2008
30	YAb1-06	产地环境	农产品安全质量无公害畜禽肉产地环境要求	GB/T 18407.3—2001
31	YAb1-07	产地环境	环境空气质量标准	GB 3095—2012
32	YAb1-08	产地环境	绿色食品产地环境质量	NY/T 391—2000
33	YAb1-09	产地环境	畜禽场环境质量标准	NY/T 388—1999
34	YAb1-10	产地环境	畜禽场环境质量及卫生控制规范	NY/T 1167—2006
35	YAb2-01	牛舍设计与建设	肉牛围栏设计与建筑技术规范	DB1505/T 068—2014
36	YAb2-02	牛舍设计与建设	半开放式牛舍设计与建筑技术规范	DB1505/T 069—2014
37	YAb2-03	牛舍设计与建设	半封闭日光型牛舍设计与建筑技术规范	DB1505/T 070—2014
38	YAb2-04	牛舍设计与建设	全封闭牛舍设计与建筑技术规范	DB1505/T 071—2014

序号	体系号	内容类别	标准名称	标准编号
39	YAb2-05	牛舍设计与建设	畜禽舍纵向通风系统设计规程	GB/T 26623—2011
40	YAb2-06	牛舍设计与建设	畜禽养殖污水贮存设施设计要求	GB/T 26624—2011
41	YAb2-07	牛舍设计与建设	畜禽粪便贮存设施设计要求	GB/T 27622—2011
42	YAb2-08	牛舍设计与建设	畜禽场场区设计技术规范	NY/T 682—2003
43	YAb2-09	牛舍设计与建设	牧区干草贮藏设施建设技术规范	NY/T 1177—2006
44	YAb2-10	牛舍设计与建设	牧区牛羊棚圈建设技术规范	NY/T 1178—2006
45	YAb3-01	牛舍条件与卫生	牛舍环境质量控制	DB1505/T 076—2014
46	YAb3-02	牛舍条件与卫生	畜禽养殖业污染物排放标准	GB 18596—2001
47	YAb3-03	牛舍条件与卫生	粪便无害化卫生标准	GB 7959—2012
48	YAb3-04	牛舍条件与卫生	污水排放标准	GB 8978—1996
49	YAb3-05	牛舍条件与卫生	恶臭污染排放标准	GB 14554—1993
50	YAb3-06	牛舍条件与卫生	畜禽粪便监测技术规范	GB/T 25169—2010
51	YAb3-07	牛舍条件与卫生	畜禽粪便无害化处理技术规范	NY/T 1168—2006
52	YAb3-08	牛舍条件与卫生	畜禽场环境污染控制技术规范	NY/T 1169—2006

Ac 养殖生产

序号	体系号	内容类别	标准名称	标准编号
53	YAc1-01	品种质量	科尔沁肉牛品种要求	DB1505/T 072—2014
54	YAc1-02	品种质量	中国西门塔尔牛	GB 19166—2003
55	YAc2-01	繁殖技术	牛冷冻精液人工授精技术规程	DB1505/T 067—2014
56	YAc2-02	繁殖技术	牛冷冻精液人工授精站（点）技术规范	DB1505/T 075—2014
57	YAc2-03	繁殖技术	牛妊娠诊断技术规程	DB1505/T 074—2014
58	YAc2-04	繁殖技术	牛胚胎移植技术规范	DB1505/T 084—2014

序号	体系号	内容类别	标准名称	标准编号
59	YAc2-05	繁殖技术	牛冷冻精液	GB 4143—2008
60	YAc2-06	繁殖技术	牛早期胚胎性别的鉴定巢式 PCR 法	GB/T 25876—2010
61	YAc2-07	繁殖技术	牛胚胎	GB/T 25881—2010
62	YAc2-08	繁殖技术	牛胚胎生产技术规程	GB/T 26938—2011
63	YAc2-09	繁殖技术	牛冷冻精液生产技术规程	NY/T 1234—2006
64	YAc2-10	繁殖技术	牛人工受精技术规程	NY/T 1335—2007
65	YAc3-01	繁育技术	种公牛站技术规范	DB1505/T 082—2014
66	YAc3-02	繁育技术	母牛繁育场技术规范	DB1505/T 073—2014
67	YAc3-03	繁育技术	种牛场技术规范	DB1505/T 083—2014
68	YAc3-04	繁育技术	种公牛饲养管理技术规程	NY/T 1446—2007
69	YAc4-01	育肥饲养管理	科尔沁肉牛育肥技术规程	DB1505/T 064—2014
70	YAc4-02	育肥饲养管理	供港澳活牛	DB1505/T 077—2014
71	YAc4-03	育肥饲养管理	肉牛育肥良好管理规范	NY/T 1339—2007
72	YAc4-04	育肥饲养管理	肉牛饲养标准	NY/T 815—2004
73	YAc4-05	育肥饲养管理	无公害食品肉牛饲养管理准则	NY/T 5128—2002
74	YAc5-01	饲料与饲料加工	科尔沁肉牛饲料原料 玉米	DB1505/T 081—2014
75	YAc5-02	饲料与饲料加工	青贮玉米生产技术规程	DB1505/T 062—2014
76	YAc5-03	饲料与饲料加工	玉米秸秆黄贮技术规程	DB1505/T 063—2014
77	YAc5-04	饲料与饲料加工	紫花苜蓿生产技术规程	DB1505/T 078—2014
78	YAc5-05	饲料与饲料加工	沙打旺生产及加工调制技术规程	DB1505/T 079—2014
79	YAc5-06	饲料与饲料加工	青干草加工调制技术规程	DB1505/T 080—2014
80	YAc5-07	饲料与饲料加工	饲料标签	GB 10648—2013

序号	体系号	内容类别	标准名称	标准编号
81	YAc5-08	饲料与饲料加工	饲料卫生标准	GB 13078—2001
82	YAc5-09	饲料与饲料加工	饲料用玉米	GB/T 17890—2008
83	YAc5-10	饲料与饲料加工	配合饲料企业卫生规范	GB/T 16764—2006
84	YAc5-11	饲料与饲料加工	绿色食品畜禽饲料及饲料添加剂使用准则	NY/T 471—2010
85	YAc6-01	疾病防控	科尔沁肉牛兽医防疫准则	DB1505/T 065—2014
86	YAc6-02	疾病防控	病害动物和病害动物产品生物安全处理规程	GB 16548—2006
87	YAc6-03	疾病防控	畜禽产地检疫规范	GB 16549—1996
88	YAc6-04	疾病防控	种畜禽调运检疫技术规范	GB 16567—1996
89	YAc6-05	疾病防控	无公害食品肉牛饲养兽医防疫准则	NY 5126—2002
90	YAc7-01	兽药使用	科尔沁肉牛用药准则	DB1505/T 066—2014
91	YAc7-02	兽药使用	绿色食品兽药使用准则	NY/T 472—2006

Ad 精深加工

序号	体系号	内容类别	标准名称	标准编号
92	YAd1-01	屠宰分割	牛屠宰操作规程	GB/T 19477—2004
93	YAd1-02	屠宰分割	牛羊屠宰与分割车间设计规范	SBJ/T 08—2007
94	YAd2-01	加工工艺	调理肉制品加工技术规范	NY/T 2073—2011
95	YAd2-02	加工工艺	冷却肉加工技术规范	NY/T 1565—2007
96	YAd2-03	加工工艺	熟肉制品企业生产卫生规范	GB 19303—2003
97	YAd3-01	加工设备	畜禽屠宰加工设备通用技术条件	SB/T 10456—2008
98	YAd3-02	加工设备	畜禽屠宰加工设备切割机	SB/T 10497—2008
99	YAd3-03	加工设备	畜禽屠宰加工设备分割输送机	SB/T 10498—2008
100	YAd3-04	加工设备	牛剥皮机	SB/T 10601—2011
101	YAd3-05	加工设备	牛酮体劈半锯	SB/T 10603—2011

Ae 产品质量

序号	体系号	内容类别	标准名称	标准编号
102	YAe1-01	卫生与安全	食品生产通用卫生规范	GB 14881—2013
103	YAe1-02	卫生与安全	肉类加工厂卫生规范	GB 12694—1990
104	YAe1-03	卫生与安全	农产品安全质量无公害畜禽肉安全要求	GB 18406.3—2001
105	YAe1-04	卫生与安全	食品中农药最大残留限量	GB 2763—2012
106	YAe1-05	卫生与安全	饲料卫生标准饲料中亚硝酸盐允许量	GB 13078.1—2006
107	YAe1-06	卫生与安全	饲料卫生标准饲料中赭曲霉毒素 A 和玉米赤霉烯酮的允许量	GB 13078.2—2006
108	YAe1-07	卫生与安全	配合饲料中脱氧雪腐镰刀菌烯醇的允许量	GB 13078.3—2007
109	YAe1-08	卫生与安全	畜禽肉水分限量	GB 18394—2001
110	YAe1-09	卫生与安全	鲜（冻）畜肉卫生标准	GB 2707—2005
111	YAe1-10	卫生与安全	鲜、冻肉生产良好操作规范	GB/T 20575—2006
112	YAe2-01	质量等级	科尔沁牛肉鲜、冻分割产品	DB1505/T 134—2014
113	YAe2-02	质量等级	鲜、冻四分体牛肉	GB/T 9960—2008
114	YAe2-03	质量等级	鲜、冻分割牛肉	GB/T 17238—2008
115	YAe2-04	质量等级	牛胴体及鲜肉分割	GB/T 27643—2011
116	YAe2-05	质量等级	普通肉牛上脑、眼肉、外脊、里脊等级划分	GB/T 29392—2012
117	YAe2-06	质量等级	酱卤肉制品	GB/T 23586—2009
118	YAe2-07	质量等级	肉干	GB/T 23969—2009
119	YAe2-08	质量等级	绿色食品肉及肉制品	NY/T 843—2009
120	YAe2-09	质量等级	牛肉质量分级	NY/T 676—2010

序号	体系号	内容类别	标准名称	标准编号
121	YAe2-10	质量等级	无公害食品牛肉	NY 5044—2008
122	YAe2-11	质量等级	牛肉分级	SB/T 10637—2011
123	YAe2-12	质量等级	速冻调制食品	SB/T 10379—2012
124	YAe2-13	质量等级	风干牛肉	DB15 432—2006
125	YAe2-14	质量等级	咸牛肉、咸羊肉罐头	GB/T 13214—2006
126	YAe2-15	质量等级	牛肉粉调味料	SB/T 10513—2008
127	YAe2-16	质量等级	牛肉汁调味料	SB/T 10757—2012
128	YAe2-17	质量等级	红烧牛肉罐头	QB/T 1363—1991
129	YAe2-18	质量等级	咸牛肉罐头	QB/T 2784—2006
130	YAe2-19	质量等级	清蒸牛肉罐头	QB/T 2788—2006

Af 检验检测

序号	体系号	内容类别	标准名称	标准编号
131	YAf1-01	感官	肉与肉制品感官评定规范	GB/T 22210—2008
132	YAf2-01	卫生	食品微生物学检验菌落总数测定	GB/T 4789.2—2010
133	YAf2-02	卫生	食品微生物学检验大肠菌群计数	GB/T 4789.3—2010
134	YAf2-03	卫生	食品微生物学检验沙门氏菌检验	GB/T 4789.4—2010
135	YAf2-04	卫生	食品卫生微生物学检验致泻大肠埃希氏菌检验	GB/T 4789.6—2003
136	YAf2-05	卫生	食品安全国家标准食品微生物学检验肉与肉制品检验	GB/T 4789.17—2003
137	YAf2-06	卫生	食品中总砷及无机砷的测定	GB/T 5009.11—2003
138	YAf2-07	卫生	食品中铅的测定	GB/T 5009.12—2010

序号	体系号	内容类别	标准名称	标准编号
139	YAf2-08	卫生	食品中镉的测定	GB/T 5009.15—2003
140	YAf2-09	卫生	食品中总汞及有机汞的测定	GB/T 5009.17—2003
141	YAf2-10	卫生	食品中黄曲霉毒素 M1 与 B1 的测定	GB/T 5009.24—2010
142	YAf2-11	卫生	食品中苯并 α 芘的测定	GB/T 5009.27—2003
143	YAf2-12	卫生	食品中亚硝酸盐与硝酸盐的测定	GB/T 5009.33—2010
144	YAf2-13	卫生	肉与肉制品卫生标准的分析方法	GB/T 5009.44—2003
145	YAf2-14	卫生	畜禽肉中乙烯雌酚的测定	GB/T 5009.108—2003
146	YAf2-15	卫生	畜、禽肉中土霉素、四环素、金霉素残留量的测定	GB/T 5009.116—2003
147	YAf2-16	卫生	食品中铬的测定	GB/T 5009.123—2003
148	YAf2-17	卫生	动物性食品中有机磷农药多组分残留量的测定	GB/T 5009.161—2003
149	YAf2-18	卫生	动物性食品中有机氯农药和拟除虫菊酯农药多组分残留量的测定	GB/T 5009.162—2008
150	YAf2-19	卫生	动物性食品中氨基甲酸酯类农药多组分残留高效液相色谱测定	GB/T 5009.163—2008
151	YAf2-20	卫生	动物性食品中克伦特罗残留量的测定	GB/T 5009.192—2003
152	YAf2-21	卫生	猪肉、牛肉、鸡肉、猪肝和水产品中硝基呋喃类代谢物残留量的测定液相色谱-串联质谱法	GB/T 20752—2006
153	YAf2-22	卫生	牛肝和牛肉中睾酮、表睾酮、孕酮残留量的测定液相色谱-串联质谱法	GB/T 20758—2006
154	YAf2-23	卫生	畜禽肉中十六种磺胺类药物残留量的测定液相色谱—串联质谱法	GB/T 20759—2006
155	YAf2-24	卫生	牛甲状腺和牛肉中硫脲嘧啶、甲基硫脲嘧啶、正丙基硫脲嘧啶、它巴唑、硫基苯并咪唑残留量的测定液相色谱-串联质谱法	GB/T 20742—2006

序号	体系号	内容类别	标准名称	标准编号
156	YAf2-25	卫生	牛肝和牛肉中阿维菌素类药物残留量液相色谱－串联质谱法	GB/T 20748—2006
157	YAf2-26	卫生	畜禽肉中几种青霉素类药物残留量的测定液相色谱—串联质谱法	GB/T 20755—2006
158	YAf2-27	卫生	动物组织中盐酸克伦特罗的测定气相色谱—质谱法	NY/T 468—2006
159	YAf2-28	卫生	出口肉及肉制品中 2，4-滴丁酯残留量检验方法	SN 0590—1996
160	YAf2-29	卫生	出口肉及肉制品中左旋咪唑残留量检验方法气相色谱法	SN 0349—1995
161	YAf3-01	质量	牛羊屠宰产品品质检验规程	GB 18393—2001
162	YAf3-02	质量	饲料中粗蛋白测定	GB/T 6432—1994
163	YAf3-03	质量	饲料中粗纤维的含量测定	GB/T 6434—2006
164	YAf3-04	质量	饲料中水分和其他挥发性物质含量的测定	GB/T 6435—2006
165	YAf3-05	质量	饲料中总砷的测定	GB/T 13079—2006
166	YAf3-06	质量	饲料中汞的测定	GB/T 13081—2006
167	YAf3-07	质量	饲料中黄曲霉素 B1 的测定 半定量薄层色谱法	GB/T 8381—2008
168	YAf3-08	质量	饲料中沙门氏菌的检测方法	GB/T 13091—2002
169	YAf3-09	质量	饲料中霉菌总数测定方法	GB/T 13092—2006
170	YAf3-10	质量	饲料中细菌总数测定方法	GB/T 13093—2006
171	YAf3-11	质量	空气质量－恶臭的测定	GB/T 14675—1993
172	YAf3-12	质量	环境空气和废气 氨的测定 纳氏试剂分光光度法	HJ 533—2009
173	YAf3-13	质量	环境空气－二氧化硫的测定甲醛吸收－副玫瑰苯胺分光光度	HJ 482—2009
174	YAf3-14	质量	环境空气－氮氧化物的测定盐酸萘乙二胺分光光度法	HJ 479—2009
175	YAf3-15	质量	无公害食品产品抽样规范第 6 部分：畜禽产品	NY/T 5344.6—2006

Ag 流通销售

序号	体系号	内容类别	标准名称	标准编号
176	YAg1-01	包装与标识	食品安全国家标准预包装食品标签通则	GB 7718—2011
177	YAg1-02	包装与标识	食品安全国家标准预包装食品营养标签通则	GB 28050—2011
178	YAg1-03	包装与标识	食品包装用聚氯乙烯成型品卫生标准	GB 9681—1988
179	YAg1-04	包装与标识	食品包装用聚乙烯成型品卫生标准	GB 9687—1988
180	YAg1-05	包装与标识	食品包装用聚氯丙烯成型品卫生标准	GB 9688—1988
181	YAg1-06	包装与标识	食品包装用聚苯乙烯成型品卫生标准	GB 9689—1988
182	YAg1-07	包装与标识	包装储运图示标志	GB/T 191—2008
183	YAg1-08	包装与标识	包装用聚乙烯吹塑薄膜	GB/T 4456—2008
184	YAg1-09	包装与标识	运输包装收发货标志	GB/T 6388—1986
185	YAg1-10	包装与标识	运输包装用单瓦楞纸箱和双瓦楞纸箱	GB/T 6543—2008
186	YAg2-01	贮存与运输	鲜、冻肉运输条件	GB/T 20799—2006
187	YAg2-02	贮存与运输	绿色食品贮藏运输准则	NY/T 1056—2006
188	YAg2-03	贮存与运输	畜禽产品流通卫生操作技术规范	SB/T 10395—2005
189	YAg2-04	贮存与运输	易腐食品冷藏链技术要求禽畜肉	SB/T 10730—2012
190	YAg2-05	贮存与运输	易腐食品冷藏链操作规范禽畜肉	SB/T 10731—2012

后　记

通辽市政府决定编制科尔沁肉牛标准体系，并以此为抓手，促进肉牛产业转型升级，加快实现肉牛生产标准化、集约化、现代化进程。在通辽市农牧业局、通辽市质量技术监督局的组织领导下，通辽市畜牧兽医科学研究所主持完成了科尔沁肉牛标准体系的编制工作。通辽市从事肉牛生产技术研究和推广的专家、养殖企业和屠宰加工企业的技术人员、环境监测工程技术人员等 52 名同志，参加了科尔沁肉牛标准体系的编制工作。此书将科尔沁肉牛标准体系汇编成册，以便各位专家学者和生产技术人员参考。

在科尔沁肉牛标准体系的编制过程中，通辽市环境保护局、通辽市食品药品监督管理局、通辽市产品质量计量检测所，以及内蒙古科尔沁牛业股份有限公司、内蒙古丰润牧业有限公司和通辽余粮畜业开发有限公司等部门和企业对标准的编制工作给予了积极配合和大力支持，使编制工作得以顺利进行和及时发布实施。

作为通辽市农业地方标准，科尔沁肉牛标准体系已于 2014 年正式发布实施，标志着通辽市肉牛产业进入了一个新的历史发展阶段。但是，随着农业科学技术进步和肉牛产业的快速发展，肉牛标准也需要不断完善和修订，不断适应肉牛产业发展的新形势，同时，在实施过程中也会发现一些不足和问题。因此，希望广大科技工作者、企业管理者、农牧民朋友和社会各界专家学者提出宝贵意见，以便于下次科尔沁肉牛标准的修订。

编　者